谨以此书献给所有不甘于平凡的人

相信自己,不要否定自己。有时候并不是多数人的意见就是对的。有时候,也许你就是正确的。这要靠你自己去辨别。

低调做人 高调工作

戴文宪 张兰冰◎编著

低调做人让你受到尊重　高调工作让你收获成功

中国言实出版社

图书在版编目(CIP)数据

低调做人　高调工作/戴文宪,张兰冰编著.
—北京:中国言实出版社,2011.2
ISBN 978-7-80250-391-5

Ⅰ.①低…
Ⅱ.①戴…　②张…
Ⅲ.①人生哲学—通俗读物
Ⅳ.①B821-49

中国版本图书馆 CIP 数据核字(2010)第 213264 号

出版发行　中国言实出版社
地　址:北京市朝阳区北苑路 180 号加利大厦 5 号楼 105 室
邮　编:100101
电　话:64924716(发行部)　64963101(邮　购)
64924880(总编室)　64914138(四编部)
网　址:www.zgyscbs.cn
E-mail:zgyscbs@263.net

经　　销　新华书店
印　　刷　北京毅峰迅捷印刷有限公司
版　　次　2012 年 2 月第 1 版　2012 年 2 月第 1 次印刷
规　　格　710 毫米×1000 毫米　1/16　14.5 印张
字　　数　190 千字
定　　价　32.00 元　ISBN 978-7-80250-391-5/B·252

前言
Preface

人生在世，有两件大事必须面对，第一是做人，第二就是做事。很多人都会说："做人要低调。"然而，却没有很多人认真思考过低调做人的深刻内涵。

在中国的历史上，虽然才华横溢，但因不知低调做人的道理而惨遭厄运的大有人在，三国时期的杨修就是最典型的例子。杨修明显的弱点就是锋芒毕露，多次在曹操面前卖弄才华，最后被曹操杀害。

由此可见，低调做人是一种修养，也是人生的大智慧。懂得低调做人的道理，绝对是一门高深的学问，千万不要低估低调做人的价值，懂得如何低调做人，会与人和谐相处，理智地采用一种豁达、平静的心态对待生活。

当然，低调做人绝不是自暴自弃，自我贬损。懂得低调做人哲理的人，一定是待人和蔼、做事严谨而作风稳健的人。曾经担任美国总统的杰斐逊就是这样的人，由他起草的《独立宣言》，至今读来，仍然让人精神振奋。

杰斐逊出身于上流社会，家世显赫，但杰斐逊却喜欢跟普通民众交朋友，不论是家中的园丁还是佣人，他都能跟他们愉快地交谈。除了平易近人之外，杰斐逊还有极其旺盛的工作热情和创造力，他不仅能绘制房屋设计图、训练马匹、拉小提琴，而且还是一位农业专家、考古专家、医学家。他经常会设计一些可以方便日常生活的设备，比如能标示室内和户外气温的温度计，能誊写重要文稿的打字机。

在杰斐逊的身上，我们能够明显看到，低调做人是一种修养，高调工作，是一项修炼，既能懂得如何做人，又知道应该如何做事，这样的人在生活中、工作才能够上下得力，游刃有余。

本书从改变性格、懂得取舍、看清自己、净化心灵、宽容、努力、恒志、勤奋等多个角度，阐释了低调做人与高调工作之间的辩证关系。

低调做人，是普通人在职场中获得成功的制胜宝典；高调做事，是成功者之所以取得成功的行为准则。希望通过本书的阅读，能使你的人生充满智慧，在职场中获得更大的成功。

目 录
Contents

第一章 远离偏执，低调做人

第二章 解脱束缚，取舍有道

第三章 看清自己，常省自心

第四章 日日洗尘,净化心灵

第五章 换个角度,体悟人生

第六章 宽容别人,善待自己

第七章 摒除空想,努力实践

第一章　远离偏执，低调做人

1 放弃固执,有容乃大

在职场上,一个人如果想要获得成功,必须拥有两种素质:一是创造力,二是包容力。拥有创造力,可以给公司带来源头活水;包容力意味着能够与人通力协作,把工作做好。

固执己见是包容力的敌人,一个人如果总是认为自己是对的,别人都不如自己,就会陷入"坐井观天"的境界,不仅听不进去上司和同事的不同意见,而且拒绝接纳新的知识,总是认为自己那套最管用,这样做不仅会影响自己的职业发展,同时也会给工作带来负面的影响。只有放弃固执,打开胸怀,才能跟得上时代的发展。

固执己见类型的人,一般观念陈腐,思想老化,但又坚决抵制外来建议和意见,刚愎自用,自以为是。这种人是很难被人说服的,在事业上也不容易获得成功。

王亚是一家演艺经纪公司的文员,平时谦虚谨慎,少言寡语。她的同事是一个二十六七岁的女孩。这个女孩有过几年从事演艺工作的经历,因此,公司老板让她和王亚配合工作,也是希望她能多多指点王亚这样的新人。

可她却凭着自己有点资历,根本不把新人放在眼里,批评起人来毫不留情。而且还经常坚持己见,从来不接受别人的意见。有一次,老板让王亚和她一起完成一份企划文稿,王亚因为是新人,就很谦虚地和她商量,然后请她表达出自己的想法。

她却只冷冷地回应了王亚一句:"别烦我!打扰我构思。"

可是,过了一会儿,这位女同事绞尽脑汁也想不出什么好方案,又过来追问王亚的构想方案是什么,让王亚自己写完了方案给她看。王亚按照她的意思,结合自己的想法,很认真地写了一份文案给她看。可她看过之后，非常尖酸地把王亚的方案批了一顿。让王亚根据她的意思去改，王亚觉得还是自己的想法更好一些，就跟她商量，结果，这位同事的态度非常恶劣，仍然坚持自己的意见。结果，方案交上去之后，被上司大骂一顿，上司说，这个文案的策划者头脑僵化，这个女孩听了老板的意见之后，非常不服气，对老板说，她在这一行干了这么多年，方案都是这样写的。她的态度惹恼了上司，最后她不得不离开了这家公司。

像这样的人，几乎在每个公司都存在，这种人非常希望得到别人的认可和尊重，所以他们通过固执己见、打压新人，来满足自己内心的平衡。

在旧社会，中国民间有一种很恶劣的习俗，就是婆婆总是找出各种理由来虐待自己的儿媳妇。可是，等到这些被虐待的儿媳妇们老了以后，她们还会把这种"传统"继承下去，她们的儿媳妇也会受到同样的"礼遇"。

新中国成立之后，虐待儿媳的恶习早已几近绝迹，但是，在职场中，喜欢虐待新人的"恶婆婆"仍然存在，他们要么对新人横加指责，要么揽功推过，恨不能把新人排挤出局而后快。

在佛教中，将这种固执称作"我执"，有着强烈"我执"的人，在职场中的表现就是很难与人相处，当然，他们的事业也很难获得成功。

如果你是一个职场的新人，就需要训练自己的弹性心理，哪怕是遇到老同事的指责，也要放宽胸怀予以接纳，如果你是一个具有丰富经验的老手，就不要忘记自己也是从一个什么都不懂的新人一路发展过来的，凡事都要从对方的角度想一想，做到任人唯才，大公无私，积极采纳对于自己有益的建议。

在这里，我们来分析一下职场中各个角色的心理：首先来分析一下上司的心理，作为上司，几乎所有人都有一个共同的心理：希望下属跟着自己跑，却不喜欢下属跑得比自己快；如果站在下属的角度，太拿自己当才子，固执己见而且不注意表达方式，很容易把自己跟上司的关系弄僵，招致上司的厌烦。

如果招来自己上司的讨厌，以后的工作就会处处都是坎；谁在工作中都难免出错，如果你经常因为固执己见而顶撞领导，那么，你一旦出了一点小错，绝对不会有人替你承担，只会让自己陷入尴尬的境地中，不能自拔。

文文是一个貌似文弱的女性，她从普通的销售代表升职为大区经理，只用了不到一年的时间。其实，她并没有什么过人之处，她的优点在于做事认真，她的客户大多被这个小女子的认真态度所感动，并把她当作可靠的合作伙伴，正是众多合作伙伴的配合，使文文的业务发展突飞猛进。然而，世界上的任何事情都有两面性，当文文成为大区经理之后，面对复杂的人际关系，常常感到力不从心。由于她做事一贯认真，使她在调整自己的角色定位时遇到了很大的阻力，尤其是在协调各级销售代表之间的利益关系等问题上，文文头疼不已。这个时候，她原来工作认真的优点变成了固执己见的毛病。面对纷繁复杂的情况，她处理问题的时候总是爱钻牛角尖，为此，得罪了不少人，其中既有手下的业务人员，也有她的顶头上司。

由于各种关系协调不好，她所负责的区域的销售业绩不断下滑，上司也对文文的能力开始质疑，甚至有人说她以前出色的业绩，是由于某上层领导对她的暗中相助，也有人说是因为她与某业务相关的大公司的领导关系暧昧。上司听了种种传闻之后，开始对文文的行为大为不满，文文遇到这样难堪的境遇，竟然没有一个人帮她说一句话。其原因就是她在工作中经常坚持自己的看法，不接受别人的意见，这才造成了自己非常孤立的局面。

公司里没有一个人肯帮她，文文的境况可想而知。她先是被调离重要的业务部门，后来又被降职，最后不得不离开公司，另谋出路。

文文的遭遇一方面在于没有能够及时调整自己，完成必要的角色转换，另一方面的原因是过于固执，没有及时检讨自己的行为，让自己及时采取恰当的措施扭转不利局面，没有建立良好的人际关系，最后导致职场生存环境不断恶化，以至于到了不得不尴尬退出的地步。

其实，人在经历了一些重要的事情之后，不管你是卓有成效还是毫无建树，都要在自己的心里进行一番梳理，善于反思的人，会从自己走过的道路中吸取经验，曾经的成功、喜悦、荣耀、失败、痛苦、颓唐都将是你的财富。只有那些固执己见，而又不知反思的人，不懂得及时检讨自己、修正自己的重要性，这种人必然会在前进的道路上摔倒，而阻碍他们发展的不是别人，正是他们自己内心深处的傲慢和偏执。

2　懂得倾听是一种美德

传说在很久以前，有一个小国向中国进贡了 3 个一模一样的金人，这 3 个金人形象非常逼真，金光夺目，熠熠生辉，皇帝一看，龙颜大悦。可是，使者还出了一道题目：让皇帝说出这 3 个金人中，哪个最有价值？

皇帝不知道如何回答这个棘手的问题，他请来造办处最高明的珠宝匠人，前来检查这 3 个金人，可是，这 3 个金人的重量和做工都是一模一样的，实在无法分辨出它们有什么差别。最后，有一位退休的大臣说他有办法，他让皇帝将使者请到大殿。老臣胸有成竹，他拿来三根稻草，先将稻草插入第一个金人的耳朵，这根稻草从另一边耳朵里冒出来了。然后，再把稻草插入第二个金人的耳朵，稻草从金人的嘴巴里冒了出来。用同样的方法试验第三个金人，稻草插进去之后，掉进了金人的肚子里，没有冒出来。

老臣对使者说：这第三个金人价值最高！答案正确，外国使者默默低下了头。

从这个故事中我们可以看到，最有价值的人，一定不是最能说会道的人，而是那些善于倾听，能把秘密藏在肚子里的人。多听少说，善于倾听，这才是一个人成熟的标志。

有一位朋友，事业非常成功，而且拥有巨额财产，他给大家讲了他和太太的恋爱史。

他和他太太第一次见面时，是在一个朋友举办的聚会上。当时很多女孩子，大家在一起很热烈地聊天，那些女孩不是热衷表达自己的意见就是忙着向大家展示她们的最新时装。只有一个女孩子很淡然地坐在一旁，好像是一个局外人。

这个朋友喜欢西方美术史，他努力地向大家推介他读过的一些书。可是，他发现，自己的话并不受人欢迎，大家在他讲话的时候，相互交头接耳地低声议论着别的话题。这位朋友感觉自己有点下不了台，就在这个时候，他发现，只有那个女孩，在认真地听他讲话。

当他的谈话告一段落时，她向他微笑点头，表示赞许他的观点。他在那一瞬间，就像遇到救世主一样，有了一种被人解救的感动。后来，他主动找到那个女孩子，直截了当地问她，是否听得懂西方美术史？女孩笑着说："那么专业的话题，我真的没听懂，不过，我感觉您说话的时候非常真诚，我欣赏您的态度，所以，我非常用心地听您讲话。"

这位朋友出身豪门，他从小就不缺乏被人赞美的那种感觉，但是，他却一直在寻找被人深度认同的感受，他在这个看起来非常普通的女孩子身上得到了这种认同，于是，他在那一刻，做出了一个重大的决定，他要用自己一生的时间来与她相伴，就是为了她的认同。

其实，人一生的努力也无非就是为了两个字：认同。人的价值也在被认同的过程中得到了充分的体现。一个人对待别人的态度，表现了对于他人尊重的程度，一个懂得用心倾听别人表达的人，是有修养的表现，一个懂得尊重并欣赏他人的人，最终也会得到别人的尊重。

其实光是倾听，就可以听到一些非常有趣的事，何苦嘴巴喋喋不休？懂得倾听，不仅仅是对别人的尊重，同时也是对别人的一种默默的赞美。

倾听是对别人最好的尊敬。专心地倾听别人讲话，是你所能给予别人的最有效，也是最好的赞美。不管说话者是上司、下属、亲人或者朋友，或者是其他人，倾听的功效都是同样的。人们总是更加关注自己的问题和兴趣，同样，如果有人愿意听你谈论自己，你也会马上就有一种受到重视的感觉。

在当前社会，非常重视人与人之间的沟通，在很多教人如何成功的书籍里，几乎全都谈到了与人沟通对于个人成功的重要性，一个渴望成功的人必须精通沟通的技巧。可是大家在吸取了各种相关知识以后，却并未真的达到沟通交流的效果，这是为什么？

其实人们平时所谓的“沟通”只是双方坐下来，你说你的，我说我的，每个人总想将自己的想法传达给对方，要求别人接受自己的想法。这样做到的仅仅是互通有无，并未达到真正的沟通。

我们之所以需要沟通，就是因为对话的双方，在某一问题的理解、做法上存有差异，必须坐下来好好地协商，将分歧降低到最低。要达到这样的目的，一定要双方了解彼此的想法、立场，才能找出差异之所在。在协商的过程里，双方都要虚心听取对方的意见，了解彼此之间存在的差异。不晓得如何与人沟通的人，很难得到更多人的帮助。

但是，“沟通”两字，说起来容易做起来难，是什么原因阻碍了你与别人的沟通？把这一点说透了，那就是每个人都不肯轻易放下傲慢的自我。

每个人都有说话的权利，有表明自己观点的自由，若使沟通顺利进行，发言者和聆听者的角色应该不时地互换，让双方都能畅所欲言，只有这样，才能了解各自的立场。与人沟通，是取得别人认同的一种有效手段。想想自己一路走来，是听别人说的多，还是自己说的多？试想，假如一个人的内心被狂妄和傲慢填得满满的，又怎么可能放下架子，安静地听别人讲话呢？

小菲是公司里年纪最小的员工，但是大家都很喜欢她。她积极、上进，具有虚心的态度，无论是谁说话，不管对方是老总还是普通同事甚至是保洁员，关于工作的或者与工作无关的话题，她都能够做到安静地倾听别人讲话，从不轻易打断，所以公司上下都喜欢她，到了年底，评选先进的时候，小菲竟然几乎全票通过。

有些时候，与人沟通并不需要你有多么华丽的言辞，只要给人一定的尊重，使你的心能够容纳别人的那些问题也就足够了。在小说《傲慢与偏见》中，丽翠在一次茶会上专注地听着一位刚刚从非洲旅行回来的男士讲他在非洲的所见所闻，几乎没有说什么话，但分手时，那位绅士却对别人说，丽翠是个多么擅长言谈的姑娘啊！

这就是倾听别人说话的效果。它能让你更快地交到朋友，赢得别人的喜欢。当然，倾听不仅仅是保持沉默，用耳朵听听而已。如果我们只用眼睛或耳朵来接收文字，而不用心去洞察对方的心意，就没有实现“读”或“听”所希望达到的效果，结果只是浪费时间，并不能达到有效沟通的目的。

真正的倾听，是要用心、用眼睛、用耳朵去听。人不但要学会用耳朵倾听，还要学会用心去聆听。千万不要在别人没有表达完自己意思的时候，随意地打断别人的谈话。当别人流畅地谈话时，随便插话打岔，改变说话人的思路和话题，或者随意发表评论，都被认为是一种没有教养或不礼貌的行为。要使别人对你感兴趣，就要先对别人感兴趣。问一些别人喜欢回答的问题，鼓励他人谈论自己及他人所取得的成就。不要忘记与你谈话的人，你要对他自己的一切，表现出浓厚的兴趣。

有人说："上帝之所以会给我们每个人两只耳朵，一只嘴巴，意思是希望我们听进去的要比说出来的多一倍。"这虽然只是个很有趣的说法，但仔细琢磨起来，也有几分道理。能做个耐心的听众是一件难能可贵的事。不管是在日常的社交过程中，还是在职业场所，每个人都要学会做一个有耐心的听众，并且把你对别人的尊重和诚意表现在脸上，你将会取得意想不到的收获。

我们知道，在社交过程中，最善于与人沟通的高手，是那些善于倾听的人。也许在交谈过程中并没有说上几句话，但是他一定会得到别人的肯定，大家会一致认为他是一个善于言辞的人。

3　在前进中不断完善自己

这是一个广为流传的小故事：

> 一个人饿了，于是他掏出一文钱，买了一个烧饼，吃完了，没饱，于是又买了第二个，吃完，还是没饱，于是他又买了第三个……就这样，他一连买了七个烧饼，吃了六个都没有吃饱，最后，吃完第七个烧饼之后，他终于吃饱了，这个人说："早知道吃第七个烧饼就能吃饱，我何必要吃前面那六个呢？"

工作以后，在职场中常常遇到这样的人，他们总是在懊恼中，不断地埋怨自己，总是认为自己以前太傻了，放弃了许多好机会，学了那么多东西却用不上，白白地浪费了大好时光。其实，很多你今天觉得无用的东西，也许就是你前面吃的那六个烧饼，那些知识正是你职业生涯中不可或缺的营养。

作为一名现代人，也许很多人有过这样的困惑，研究生毕业之后，找了一个跟自己所学的专业完全不挨边的工作，不知道自己上了那么多年的学，究竟有什么用。还有人说："学得那么好有什么用，还不知道这些知识工作的时候用不用得到呢!"于是,有人开始散漫,不认真学习,心不在焉,最后混到老,终于一事无成。其实,那六个烧饼一直就摆在他的面前,是他却一直在等待第七个烧饼的出现。要知道,如果没有前六个烧饼,就永远不会有第七个烧饼。前六个烧饼是一种积累和沉淀,只有吃了前六个烧饼,才会有吃第七个烧饼之后饱腹的感觉。只有量的积累才有质的飞跃。

荀子给我们留下一句格言:"不积跬步,无以至千里;不积小流,无以成江海。"强调的就是我们在做事的过程中要不断地积累。能力的提升其实就是经验的积累形成的质和量的转化。现在很多年轻人工作热情很高,很多时候却并不怎么得法,因而工作的效率不高,业绩平平,经常在遭受别人批评的同时,自己也痛苦不堪。其实,问题的根源往往就在于自己不够注重积累。

一件新的事情,别人做一次,就已经掌握了其中的玄机,在遇到同样或者类似的事情时,只要花费相应的工夫就可以完成,久而久之,经验积累得多了,就形成了自己的方法,我们经常能看到在各大医院里,找专家们看病的患者常常趋之若鹜,这是为什么?患者信任他们的原因,就是因为他们有着多年临床经验的积累。

积累是成功的资本,世界上任何一件大事,都是由无数个小事积累而成的。积累并不是一朝一夕所能完成的事业,它是一项长期而又费力的工作,是在长期的重复中渐渐完成的,大凡在事业上有所建树的人,都是善于不断积累经验的人。

俞敏洪是新东方英语学校的创始人。在他创办新东方的过程中,曾经做过很多重复性的、模式化的工作。在新东方成立的第一个十年里,俞敏洪讲了 8000 节课,平均每天两节课还要多。由于是俞敏洪自己独创的"新东方授课方式",这些课都需要授课人声嘶力竭地讲出来!这种不断重复的劳动之所以能够坚持下来,是绝对需要一种顽强的韧性和持久的热情的。

上个世纪最初的几十年里，在太平洋两岸的美国和日本，有两个年轻人都在为自己的事业努力着。日本人每月雷打不动地坚持把自己的工资和奖金的三分之一存入银行，尽管许多时候他这样做会让自己手头拮据，但他仍咬着牙照存不误。有时甚至借钱维持生计也从来不去动一分银行的存款。

相比之下，那个美国人的情况就更糟糕了，他整天躲在狭小的地下室里，将数百万根的K线一根根地画到纸上，贴到墙上，接下来便对着这些K线静静地思索，有时他甚至能面对着一张K线图，几个小时一直都在发呆。后来他干脆把自美国证券市场有史以来的记录搜集到一起，在那些杂乱无章的数据中寻找着规律性的东西。由于没有客户，挣不到薪金，许多时候这个美国人不得不靠朋友的接济勉强度日。

这样的情况在两个年轻人的世界里各自延续了六年，尽管他们在这六年当中，生活情况非常糟糕，但是，他们有一点是共同的，那就是谁都没有放弃自己的初衷。

六年之后，日本人靠自己的勤俭积蓄了5万美元的存款；美国人集中研究了美国证券市场的走势与古老数学、几何学和星象学的关系。

在六年的时间里，日本人靠他自己在艰苦岁月里仍坚持节衣缩食积累财富的经历，说服了一名银行家。他从银行家那儿获得了创业所需的100万美元的贷款，创立了麦当劳在日本的第一家分公司，从而成为麦当劳日本连锁公司的掌门人，他叫藤田田。

六年后，那个美国人成立了自己的经济公司，并发现了最重要的有关证券市场发展趋势的预测方法，他把这一方法命名为“控制时间因素”。他利用这一独特的方法，在金融投资生涯中赚取了5亿美元的财富，成为华尔街上依靠研究理论而白手起家的神话人物——威廉·江恩，世界证券行业尽人皆知的最重要的“波浪理论”的创始人。

藤田田依靠节衣缩食攒钱起家，江恩依靠研究K线理论致富，这两个看似风马牛不相及的故事中蕴含着一个相同的道理，那就是许多成就大事业的人，他们也同样是从一点一滴的努力中，创造和积累着成功所需的必要条件。

在现实世界里，每个年轻人都有梦想，都渴望成功，然而，“志大才疏”往往是阻碍年轻人成功的最大障碍。他们看到的只是成功人士功成名就以后的辉煌，看不到这些成功人士在取得成功之前，所进行的艰苦卓绝的努力。

事实上，成功需要积累，这是一条最原始也是最简单的真理。人世间没有一蹴而就的成功，任何人只有通过不断的努力才能凝聚起改变自身命运的爆发力。

所以当我们看到别人成功时，不要总是说：“他(她)不就是因为遇到某个机会了吗？我要是也有那样的机会，我比他还强百倍！”

要知道，任何一个机会都不是从天上掉下来的馅饼，我们应当看到成功者吃前六个烧饼的过程。

4　学习“毛竹”，不当“兰花”

陶渊明是中国古代著名的文学家，他不仅所作诗文非常有名，而且，他蔑视功名富贵、不肯趋炎附势的人格也同样有口皆碑。陶渊明生活的时代，朝代更迭，社会动荡，人民生活非常困苦。

公元405年的秋天，陶渊明为了养家糊口，来到离家乡不远的彭泽当了县令。这年冬天，他的上司派了一名官员来视察，这位官员是一个粗俗而又傲慢的人，他一到彭泽县的地界，就派人叫县令来拜见他。陶渊明得到消息，心里虽然对这位上司的傲慢很看不惯，但是，在官场上，必须遵守官场的游戏规则，他只好马上动身，去拜会这位上司。

出行之前，他的师爷对陶渊明说："参见这位官员要十分注意小节，衣服要穿得整齐，态度要谦恭，不然的话，他回去以后，会在上司面前说你的坏话。"一向正直清高的陶渊明再也忍不住了，他长叹一声说："我宁肯饿死，也不能因为五斗米的俸禄，向这样的小人低头折腰。"于是，陶渊明马上写了一封辞呈。他在县令的任上只当了 80 多天，就辞职了，从此以后，在自己的家乡开荒种田，饮酒赋诗，终生没有再入官场。

与看淡名利的陶渊明相比，太史公司马迁的做法更值得人们敬佩，司马迁的家族历代都是史官，作为史官，他们的职责就是秉笔直书，忠实地记录历史。后来，司马迁继承父业，当上了史官，公元前 104 年，司马迁正式动笔写《太史公书》。

天汉二年，司马迁因为同情李陵，为投降匈奴的李陵求情，触怒了汉武帝，汉武帝盛怒之下，命人把司马迁抓起来，并处以宫刑。

司马迁忍受了这种酷刑对于身心的巨大摧残，但是，司马迁并没有因此而沮丧，在狱中仍然发奋著书，忍受了非常人所能忍受的痛苦，完成了中国历史上最恢弘的著作——《史记》，这部《史记》后来被称作"史家之绝唱，无韵之离骚"。

如果把清高孤傲的陶渊明比作职场中的"兰花"，那么，司马迁更像一簇生命力极其顽强的"毛竹"，无论是多么巨大的压力，都不能使他失去蓬勃的生命激情。有人说陶渊明的豁达来自于他的"放下"，那么，司马迁却为自己的生命选择了"承担"，其实，放下和承担都需要勇气。

众所周知，职场是非多，如果真能把一切名利都看破、放下，不被一时的得失蒙住双眼，这种明智的做法自然是好的，但是，看破之后，不是要你选择消极的逃避。低调做人，是一种境界，而不是一种消极的逃避。

承担的人虽然在前进的道路上会遇到很多荆棘，但是，他会忍受伤痛，无论发生什么样的艰难困苦，都会积极地把本职工作做好，同时又能以淡泊之心对待名利。一旦“名利”两字刻上心头，身上的负担便会加重，如果得不到名利，便会心灰意冷，不安心工作。

有一位作家曾经说过：无论你从事什么样的工作和有什么样的业余爱好，最好先把成败得失抛开，保持一种淡泊的心态，把自己所做的每一件事都当成一件艺术品去看待，只求能够满足自己的情趣，这样，一切的困惑和苦恼就会大大减少。有两句歌词唱得好：“熙熙攘攘为名利，何不开开心心过一生？”

5　谦虚谨慎，君子本色

《尚书·大禹谟》说：“满招损，谦受益，时乃天道。”这是流传千年的古训。古人还说：“大巧若拙，大辩若讷，大勇若怯，大智若愚。”并将此视之为美德。有一位智者曾经写下这样几句话：“对上级谦逊，是一种本分；对平级谦逊，是一种和善；对下级谦逊，是一种高贵；对所有的人谦逊，是一种安全。”前辈的经验告诉我们：谦逊可以使一个人从平凡走向辉煌，而狂妄则往往使一个人从巅峰滑向深渊。

很多人在工作岗位上都有这样的经历，比如秘书在老总的稿子中发现了很多错别字。这个时候，一般的秘书心里都会犯嘀咕，老板出错，说还是不说？如果说了，会让老板感到很尴尬，不说，会让老板在更多人面前丢丑。遇到这种情况怎么办？

有人说，不指出老板的错误，是下属低调做人的表现，持这种看法的人认为，很多事都是祸从口出，弄不好会让老板下不来台，弄不好会让老板给自己穿小鞋。

但是，也有人认为，如果明明知道老板有可能出丑，却不肯指出错误，这种明哲保身的做法，有悖职场中的忠诚法则。所以说，任何事情都要辩证地对待，做事忠于职守也要明辨是非，低调做人但要谦虚谨慎。说到做人谦虚谨慎，一代革命领袖毛泽东给我们做出了很好的榜样。

毛泽东同志不仅是伟大的革命家、军事家，同时在诗词上的造诣也是很深的，解放初期，我国出版发行了毛泽东 25 首旧体诗词，诗词发表之后，山西大学历史系罗元贞教授非常喜爱，反复吟诵。当读到《七律·长征》时，罗元贞觉得第 3 句“五岭逶迤腾细浪”中已出现了一个“浪”字，而在第 5 句“金沙浪拍悬崖暖”中又出现了一个“浪”字，显得重复，致使“悬崖”的“悬”字缺乏诗意。不如把后一个“浪”字改成“水”，“悬”字改成“云”字好。于是，1952 年元旦，罗先生在给毛泽东的贺年信中，附带提出了这个问题。毛泽东接到罗元贞的信后，觉得这个意见提得很好，立即改了过来，并于 1952 年 1 月 9 日复信给罗先生，表示感谢。

毛主席在他那首著名的词作《沁园春·雪》中，原稿中写的是“原驰腊象”，诗人臧克家看后，建议改成“原驰蜡象”(指白色的象)，正可与句中的“银蛇”映衬，毛泽东欣然采纳，频频点头说：“你替我改过来吧！”

1957 年，毛泽东在《诗刊》发表了《关于诗的一封信》。不久，北京大学一位学生写信给他，提出他信中“遗误青年”的遗字欠妥，应改成为“贻”字，毛泽东虚心地接受了这一意见，还特地给《诗刊》编辑部打了“请予更正”的招呼。

至于“半字师”则是湖北省委原秘书长梅白。1956 年 6 月，毛泽东回韶山，作了名篇《七律·到韶山》诗。初稿有两句为：“别梦依稀哭逝川”和“始使人民百万年”。6 月 27 日，毛泽东离开韶山赴庐山后，将诗稿给梅白看，征求意见。梅白反复推敲后，觉得诗的第一句中“哭”字低沉、苍白，建议改为“咒”字；又提出第 8 句也太平实，给人以“标语口号”之嫌。毛泽东当即改了这个字，笑道："'咒'字好，你是我的'半字师'哩"。并将末句改成"遍地英雄下夕烟"，使全诗意境含蓄、雄浑、开阔。

通过毛主席的实例，我们可以看到，凡是具有大家风范的人，都有一种谦逊的品德，而狂妄之人，骨子里则透出一股小家子气。如果你在公司里发现了领导的毛病，希望能够用真诚的态度予以指出，作为领导，更要虚心接受别人的意见，不要让自己成为别人不敢摸的"老虎屁股"。

一个人是谦虚还是狂妄，在面对自己或者是领导在工作中出现错误这件事情上，每个人的人品和工作态度可谓泾渭分明。

有人曾这样说："在科学上，你若是爱因斯坦，你或许有资本狂妄，而爱因斯坦只有一个；在哲学上，你若是柏拉图，你或许有资格狂妄，而柏拉图只有一个；在音乐上，你若是莫扎特，你或许有资格狂妄，而莫扎特只有一个；在文学上，你若是莎士比亚，你或许有资格狂妄，而莎士比亚只有一个；在美术上，你若是米开朗基罗，你或许有资格狂妄，而米开朗基罗只有一个。"

做人做事谦逊低调、不刻意炫耀自己，这既是一种人生境界，也是一种处世智慧和人格魅力的展示。然而，现实生活中却有一些人喜欢张扬、高调。表现在学习上，喜欢吹嘘自己的博学与能耐，看过几本书，就自诩为饱学之士、满腹经纶；发表过几篇小文，就自封著名诗人、作家。

表现在工作上，喜欢凡事必称大，满足于铺大摊子，搞大动作，追求大效应，讲究大排场，提大口号，定大目标；有的事情还没有做，就开始说大话，刚刚干出一点成绩，就心浮气躁，忙着上报材料，总结经验，推广做法。喜欢张扬的人，虽然容易引起他人的注意，求一时之名，得一时之利，但这种人往往行之不远，后来乏力。

老子曾告诫世人："自见者不明，自足者不彰，自伐者无功，自夸者无长。"

达·芬奇也说过："微小的知识使人骄傲，丰富的知识使人谦逊，所以空心的禾秆高傲地举头向天，而充实的禾穗却低头向着大地。"

不张扬的背后隐含着真正的大智慧、大聪明。做人谦逊内敛不张扬,需要有厚实的内功作为支撑,只有一个人的知识、阅历、素质、修养达到足够的积淀时,才能真正做到不说过头之语,不干张扬之事,不逞狂妄之能。

不张扬的本身就是一种自信,在他们的内心深处蕴藏着勃勃生机和无限活力,处于低谷而不颓废,遇到困难而不退缩,一帆风顺时不得意,成绩面前不炫耀,永远保持着踏踏实实、平平常常、自自然然的生活态度和工作格调,以成熟、理性、豁达、自重、睿智处世做事。

一个人如果想要谦虚谨慎地做人,不仅要有本本分分的行为,还要有安详而宁静的内心,既要开阔视野,胸怀博大,又要常怀一颗平常心。不论在什么情况下,对个人的名利、进退、荣辱,都要看得淡然一些,超脱一些,像古人说的那样:"去留无意,看庭前花开花落;宠辱不惊,望天上云卷云舒",得意时淡然,失意时坦然,高调做事,低调做人。

第二章　解脱束缚，取舍有道

1　取舍有道，打造完美人生

人有一颗勇于进取的心是非常可贵的，它可以鼓舞人们勇往直前，去追逐人生的梦想。但是，却忽略了非常重要的一点：不断的鼓舞，在使我们士气高涨的同时，欲望也像一只被吹得快要爆炸的气球，不断膨胀，追求的目标越高，欲望的膨胀也就越大，不断膨胀的欲望就像一只看不见的手，会把我们拖入一个无底的黑洞，而我们自己却浑然不知。在生活中，我们通常只是看到了金钱带来的好处，而对金钱所带来的负面效应毫无察觉，很多人在初入职场的时候，把金钱与人生的幸福划上了等号，认为只要自己有朝一日，收入多了，幸福自然会来。可是，当你登上职业生涯的顶峰时，发现自己有钱以后的生活并非像自己当初想象中的那般幸福。

尽管追求财富和舒适的生活，是人之常情，但如果将这种追求定位成人生的终极目标，并且沉溺其中，烦恼也会如影随形，挥之不去。

在生活中，由于金钱的增长、地位的变化，产生出来的负效应比比皆是，有的人以家庭破裂为代价，得到了金钱；也有的人，发财之后，身边却没有了当年的朋友；有的人虽然有了钱，却百病缠身；有的人金钱虽然多了，但是快乐却跑得无影无踪……

当你没有钱的时候，最大的理想可能是“只要有两居室的房子可以安身，就是人生最大的幸福了”，可是，当你的钱赚得多了，生活的标准随之提高，有了房子之后，并不能感觉到当初期待的那份幸福，反之，更大的房子和更好的汽车会让你仍然处于幸福的缺失状态中。所以说，如果把追求金钱当作人生的终极目标，就会本末倒置，与你期待的那份幸福越来越远，那时候，你与你的人生目标之间，好像永远隔着一层玻璃窗，看得很真切，可总是摸不到，那种期待中的幸福生活，好像总是与你无缘。

所以说，为了得到我们期待的那份幸福，必须学会做减法：人生目标减去对于金钱的迷恋，等于脚踏实地地工作。人只有学会在生活中做减法，人生才能如释重负，心灵才能获得自由成长的空间。如果把我们的心灵比做一个花园，那么，对于金钱永无休止的欲望，就是这个花园中横生的荒草，只有当我们把这些杂草剪除之后，我们生命的花园才会更加茂盛。

对于中国人来说，“富不过三代”似乎已经成为一条铁律，然而美国的富豪洛克菲勒家族，从发迹至今已经绵延六代，仍未出现颓废和没落的迹象。是什么力量使这个拥有世界上巨大财富的家族始终兴旺？核心的秘密在于这个家族能够教育子女过简朴生活，低调做人，努力工作。

老洛克菲勒曾经说过：“工资只是你工作的副产品，做好你该做的事，出色地完成你承担的工作，理想的薪金必然会得到。而更为重要的是，我们劳苦的最高报酬，不在于我们所获得的，而在于我们会因此成为什么。”

我们从洛克菲勒的身上看到这样一条哲理：剔除了欲望之后的工作是纯粹而自然的，纯粹而自然的事物最符合人生发展的方向。

笑看人生，取，需有勇气，舍，同样需要智慧，完美的人生在于取舍之间。

人生在世，无论是追求自身价值的实现还是追求家庭的幸福，兴衰荣辱，进退得失，皆与“取舍”相关。

有道是：“舍得，舍得，有舍才有得。”失去是一种痛苦，但却可能因此迎来新生。舍得的法则如同大自然的规律：失去春天的葱绿，能够收获丰硕的金秋；失去阳光的灿烂，能够享受雨露的甘甜……

在人生一连串的取舍中，取是一种本事，而舍更能显示出一种魅力。有能力者善取，有觉悟者懂舍。取舍有道，张弛有度，可以说是人生的最高境界。

在《伊索寓言》中有这样一则故事。一只山羊为了摆脱一只狮子的追赶，跑进了一座神庙。狮子让它出来，而山羊却说：“我宁可被神食用，也不愿被你所杀。”在必死的困境中，它宁愿被送上祭坛，也不愿被狮子食用。山羊所面临的处境，需要它做出取舍，在人生的十字路口，每个人都是自己的导师，什么东西应该拿起，什么东西需要放下，完全依靠自己来判断。

有一个年轻人，多才多艺，但他真正的学业却一直没有太大的长进。于是，他去请求一位禅师为他指点迷津。这位禅师见到年轻人，并没有说什么，只是先请他大吃一顿。禅师吩咐人在桌子上摆了上百种不同花样的斋饭，都是这个年轻人从未见过的。

开始用斋时，年轻人挥动筷子，想要尝尽每一道菜，当用斋结束后，他吃得非常饱。禅师问："你吃的都是些什么味道？"他摸了摸肚子，很为难地说："百种滋味，已难以分辨，只有腹胀。"

禅师又问："那你是否感觉到舒服、心满意足？"

年轻人回答说："不，我现在很痛苦。"禅师笑了笑，没有说话。

次日，禅师邀他一同登山。当他们爬到半山腰时，那里有许多稀奇的小石头。年轻人很是庆幸，于是边走边把喜欢的石头放入口袋中。很快袋子便装得满满的，他已经拿不动，但又舍不得丢掉那些石头。

此时，禅师突然呵斥道："该放下了，如此又怎么能登到山顶？"年轻人顿时彻悟，立即抛下袋子，轻盈地登向山峰。

从某种角度上看，舍，即是得；什么都舍不得，最终可能什么都抓不住。所谓"少年时，舍其不能有；壮年时，舍其不当有；老年时，舍其不必有"的说法，就表明了，懂得取舍，善于取舍，世间就不再会有缺憾之事。因为，个人的成长、企业的发展，从根本上说来，就是一个"得中有失，失中有得"，并不断地在"得而复失，失而复得"中演绎的进程。

或许，是因为人的天性从来就惯于"取"而不惯于"舍"，古往今来，许多人在描绘自己的人生理想时，总是把"取"视为"理所当然"，而将"舍"当作是“不应该”或“不得已”。

鲁迅先生曾对“拿来主义”做过一番议论：“我们要学会取舍，对于好的东西，诸如西方的先进技术，我们要‘取’，要拿来。对于又好又坏的，我们可以取他好的一面，如鸦片，可送入药房，对于无用的如‘姨太太’，我们要‘舍’。”

上述的一段话，告诉了我们一个道理：完美的人生，一定要学会取舍。

在很多时候，得到的不一定是幸福，失落的也不一定就是遗憾。当今正处于改革开放时期，外面的世界很精彩，但我们要学会取舍，对于精华要取，对于“糟粕”便要舍。孔子曰：“择其善者而从之，其不善者而改之。”古圣先贤皆能如此，我们更要学会取舍，整个人生才会因此而完美。

2 突破束缚人生的瓶颈

束缚是一种看不见的桎梏，当人的思维一旦陷入某种固定的限制时，就会固执于某一种状态，而轻视其他事物。飞蛾总以为有了光就有了希望，于是它们义无反顾地冲向火焰；蚂蚁总以为自己的嗅觉决定一切，于是经常在原地打转……面对动物们的愚蠢行为，我们忍不住发笑，而我们人类自己又何尝不经常被所谓的“思维”束缚，停滞不前呢？沧桑百世，不知有多少有才之士因思维被束缚而无所作为；千百年来，不知有多少豪杰之士因为不能冲破看不见的束缚而折戟沉沙……

在佛经中，将“贪、嗔、痴”称为“三毒”，“贪、嗔、痴”不仅是束缚人前进的最大障碍，同时，在职场中，这三种毒素也会严重地影响我们心灵的成长。

如何才能让自己的心灵在种种束缚中破茧而出？首先要把这些毒素从我们的心灵中排出，让心变得简单而明澈。

贪心是最猛烈的火，憎恨是最有毒的药，迷惑和错误的见解是最难逃脱的网，爱欲则是最难渡过的河。一个人若想超越所有的束缚，就应该舍弃愤怒，剥除傲慢，如果你的心中没有了贪婪和憎恨，那么你的心灵就会因此而自由。

不追求物质享受的人，内心能够得到真正的安宁，不受外在的影响。聪明的人说，铁、木头和麻绳做成的枷锁，并不是最坚固的束缚，对于迷恋珠宝的女人来说，钻石项链才是最坚固的束缚。所有的欲望，都是在小小的甜蜜背后隐藏着的诸多的苦恼。

沉溺在爱欲中的人，宛如兔子被困在牢笼中那般惊恐，爱欲强烈，贪图感官享乐，欲望加倍增长，束缚也因此更加坚牢。

在现今竞争日益激烈的社会中，我们更应该冲破心灵的束缚，超越自我。只有拥有创新精神，才能成就光辉灿烂的人生。在很多时候，也许是因为上天的宠爱，让我们有幸遇到机遇的降临，然而，却因为我们的心灵摆脱不了固定思维的束缚，与那些难得的机遇失之交臂。

其实，束缚并不是人生道路上不可逾越的陷阱，只要你真正相信自己就一定可以走出心灵的泥沼。笨鸟知道自己很笨，于是它们率前启程先飞；梅花知道必须生长在冰雪严寒中，所以，它们不放弃任何绽放的时机。在工作的岗位上，无论职位高低，也不论年龄大小，每个人都有可能陷入思维定式的怪圈中。一种错误思维可以使一个人在错误的沼泽中越陷越深，而消极的自我心理暗示更是让陷入困境中的人难以自拔。

当我们在不觉中受困于一种思维定式的束缚之后，如果不进行积极的自我超越与改变，就很难使自己突破人生的瓶颈。超越心灵的束缚是一种向前走的勇气，即使坎坷前面还是坎坷，我们也应该不懈地走下去。

3　心地单纯方为道

有人一提到“与人交往”这个词汇，脑海中马上就会浮现出很多联想，比如：做人要懂得很多处世的手段和技巧，要学会看人眼色，见什么人说什么话啦，等等，不一而足。还有一种人，在职场中好像泥鳅一样到处钻营，喜欢散布小道消息或者别人的隐私，他们的拿手好戏就是“见人讲人话，见鬼讲鬼话”。

其实，做人的道理正如老子所说：大道至简。任何手段和技巧都不适用于所有的场合。在日常工作和生活中，当我们面对繁杂的局面，感到自己无所适从、左右为难的时候，就需要我们具备做人的基本素质，如孔子所说：“本立而道生。”

做人的原则最重要的一条，就是不虚伪，不做作，敢于直率、坦诚地表达自己；以同情之心待人，以恻隐之心爱人，这是善；善于沟通，尊重自然，这是美。一个人在特定的思想品德、道德情操支配下，表现出来的举止和行为，别人都能看得一清二楚。一个人只要行为真诚，总能打动人心，如果一个人花言巧语，即使别人一时不了解你，可是总有一天会被看透的。与其耍手段，绕圈子，躲躲闪闪地做人，不如光明正大、坦坦荡荡，敞开心扉给人看，从而使对方消除戒备心理，把你当成真正的知心朋友。

从前，有一位宽厚仁慈的老国王，没有子嗣，眼看身体一天天不行了，王位却无人继承。有一天，他想出个办法，决定在国内挑选一名诚实的孩子作为自己的接班人。告示贴出后，家长们护送孩子纷纷涌入王宫。老国王拿出许多花籽儿，分发给每一个孩子，并对他们说：“谁能用这种子培养出最好看的花朵，谁就是我的继承人。”

所有的孩子都在大人的帮助下，播种、浇水、施肥、松土，不分昼夜地看守，照顾得十分周到。其中有个叫雄日的孩子，他整天用心培育花种，但10天过去了，半个月过去了……花盆里的种子却没有任何发芽的迹象。他很纳闷，就去问母亲。母亲说：“你把花盆里的土换一下，看看行不行？”他这样做了，但后来的情景仍和先前一样。

转眼间，国王规定献花的日子到了，其他的孩子都捧着盛开鲜花的花盆涌向王宫，他们排成了长队，等待国王的奖赏。只有雄日捧着没有花的花盆站在大门旁，默默地低头哭泣。然而，国王对那些捧着开满鲜花的花盆的那些孩子看都不看一眼，径直来到雄日面前，问他为什么捧着一只空花盆。雄日觉得自己很笨，他很伤心地哭了，一边哭一边说，自己非常精心地培育着花种，可是，无论他怎么努力，花盘总是空空的，没有长出任何一点绿芽，更别说开花了。

国王听完，感动得流下了眼泪，他握着雄日的手，说："我的孩子，你是最诚实的孩子，你就是我要找的人。你不知道，我发给大家的种子都是煮熟了的，根本开不了花。"后来雄日成为王位的继承人。

雄日之所以成为王位的继承人，是因为他做人直率坦诚。直率坦诚是一种美好的品德，是一个人能够赢得他人赏识与敬佩的重要因素之一。

在工作中，我们是否应该扪心自问，你能够做到直率坦诚吗？如果认真审视自己，恐怕很多人都难以肯定地回答，这时我们才会发现，原来自己距离坦诚做人的标准还有相当大的距离。

其实，坦诚做人并非稀缺的品质，我们每个人在孩提时代，都曾经是那么坦诚可爱，我们想要吃的时候，我们就会要，我们看到了什么，我们就会说。比如你在童年的时候，由母亲领着去亲戚家参加一个宴会。你看到了桌子上有那么多甜点心，都是你非常爱吃的东西，于是，你欣喜若狂，直接把手伸了过去。就在你的手距离甜点还有一半距离的时候，母亲的手突然凌空而降，"啪"地一声，把你的手打了回去，随后就是一声呵斥："不懂规矩！"于是，你不敢乱动，只好老老实实地坐在那里，听着大人们在说那些枯燥而无聊的话题。

当你成年以后，母亲的手虽然不会突然凌空而降，但是，你的心里却始终都有那只手的影子。你怕万一什么时候做错了事，受到斥责，于是，你把自己的内心小心翼翼地隐藏起来，从来不敢表达自己的真实想法，说话转弯抹角，吞吞吐吐，你也许还不知道自己内心的真实情况是怎样的，还把这种因为心灵受到伤害而得不到修复的状态称之为“成熟”。

其实，领导最不能容忍的就是那种说话吞吞吐吐、转弯抹角的人。老板或高管们的时间很宝贵，有很多事情等着他们去处理，如果一个下属向他汇报工作，说话开门见山、言简意赅，一定会给他留下一个精明强干、办事果断的好印象。相反，如果向他汇报工作的时候拐弯抹角，欲言又止，一定会让人心生厌烦。

在公司里，大家一起合作，真诚相待，办事直截了当，是最为高效的做法，如果人和人之间都相互防范，势必造成严重的内耗。

张力原来在一家公司工作的时候，遇到这样一个老板，他喜欢用“三十六计”管理公司，有一次，他在给新员工上培训课的时候，在黑板上写了四个大字“知己知彼”，他说：“我的原则就是要了解你们每个人脑子里想的是什么，你们每个人都要向我汇报，别人都干了什么。”结果，这次培训给每个人造成了很大的精神压力，大家彼此防范，唯恐对方是老板的眼线。结果这个公司没干两年就垮台了。

做人简单直截，以直率之心坦诚待人，是与人成功相处的根本。在工作当中，同事之间互相猜测，是很伤脑筋的事。在家庭中，坦率地对待亲人、爱人、朋友，在工作中，真诚地对待同事、上下级，真诚地对待你的客户、供应商。这样做会让人感觉到意想不到的轻松。

和坦诚的人交朋友，会有一种安全、踏实的感觉，有一种如沐春风的快乐。

有人以为，做人真诚、坦率，在眼下这样的社会里，有可能会吃亏，其实，这是曲解了坦率的含义，彻底的坦率，是老老实实、低调做人，绝不能把坦率理解成有已无人，夸夸其谈。如果给老板留下一个“个人至上”、“夸夸其谈”的印象，那么，就算你做了很多的工作，都很难扭转这个不良的印象。

另外,还必须注意一点,直率绝不意味着对立和冲突。对于一个团队来说,每一位团队成员都是独特的个体,不同的成长阅历,不同的背景,不同的能力,不同的性格特征与思维模式,会造成每个人不同的世界观和价值观。在一个团队中,不同的人对一件事持有不同意见是很正常的。高效的团队能够融合所有成员的差异,形成巨大的合力。只有良莠不齐的团队才会因此而引发冲突和争论。要想打造一个团结而高效的团队,只有通过沟通,甚至是争论,最后达成共识,找到解决问题的最佳途径,要完美地做到这一切,真诚坦率的态度无疑是达成共识的基础。

4 善于运用心灵的力量

关于"心灵"一词,在韦伯斯特词典中,有这样的定义:"生机或生命的本源;它赋予有机体以生命,与其他物质因素形成对照;生命的气息。"

心灵是我们生命的源泉,心灵成长得越充分,我们的能量就会越大,获得成功的几率也会更高。因此,一个人的成功,并不体现在他所享受的物质生活的水平上,而是来自他心灵中所蕴含的能量。当心灵拥有足够的能量时,我们的肉体和心灵是一致的,能把人的一切正面的潜能充分地调动起来,并表现出一种积极、乐观、宽容、智慧的状态,这样的人,生活目标明确,脚踏实地地做事,能够面对任何艰难困苦的考验。

一个人要对自己心灵的力量充满自信,如果你认定自己是出色的,那么你就一定很出色,如果你相信自己未来一定前程高远;那么,你就一定可以实现你理想中的目标。

在生活中,并不是身体强壮或智力超人的人就一定可以取得胜利,最终获胜的人,往往是那些对自己充满信心、善于运用心灵力量的人。如果你连自己都信不过,又有谁会相信你的能力呢?生活在现代职场中的人们每天都陷入到一种混混沌沌、忙忙碌碌的混乱状态中不能自拔，只顾着拼命地向外界索取，却忽略了自己心灵中蛰伏着的巨大潜能。如果你想把自己心灵中的潜能唤醒，只有把心灵的大门打开，让大量的阳光照进来，摆脱困扰心灵的无形枷锁，获得心灵的自由，让心灵的力量破茧而出。

心灵的力量不需要实验，不强调逻辑，它只是来自于你对自己的信心。无论这种信心在别人眼里是多么可笑，你都不能放弃它。它能让你强大起来，成为自己真正的主人。

一朵花开了，科学告诉我们，这朵花的形状颜色与生长过程。哲学告诉我们这朵花有什么意义，它为什么要这样开放。宗教则对我们说，要接受它们的存在，去欣赏它的美。而心灵则会告诉你，你就是花，花就是你，无论美丑，都是生命中最真实的存在。

现代的社会物质越来越发达，科学越来越进步，人们对成功的理解却越来越狭隘，往往通过金钱和名利来衡量一个人是否成功。然而，在拼搏和努力的过程中，我们发现，我们完全在听从情绪的摆布，随着疲惫的加深，浮躁的情绪不断加剧，自我空虚、失去方向、放浪形骸等负面因素越来越多。到头来，尽管金钱暂时满足了我们的欲望，但我们终究发现，心灵与身体仍然处于一种极不平衡的状态中，自己的内心原来竟然如此空洞而可怜。所以说，一个人的成功并不仅仅来自于物质的优越，而是来自心灵的日益完善。

未来的世界，是一个需要心灵得到长足发展的世界，心灵提升要求未来人类必需具有智慧和能力。

在美国，包括总统、议员、成功商人、好莱坞明星、体育明星，等等，已经有越来越多的杰出的人士在研究和学习关于心灵提升的知识与课题，他们更加关注自身内在的心灵成长，学会珍爱生命，获得生命本体给自己带来的真正的愉悦。

5　让每一个“当下”都尽善尽美

每个人出生的时候，都是赤条条地来到这个世界上，但是，在以后的生活里，每个人的处境却迥然相异。有的人在荣华富贵之中走完了一生，也有的人贫困潦倒中挣扎到最后。是什么让这些人产生了如此巨大的落差？一种通常的说法，把这一切归结于命运。

要知道，人生是一个漫长的过程，但这漫长的过程却是由无数个分分秒秒所构成。人若想改变命运，就必须改变当下。

如果我们不能认清这一点，很难做到把握住自己。想要一生严格要求自己很难，但我们可以严格要求自己在当下的每分钟之内集中精力。用这种方法，可以循序渐进、潜移默化地改变自己的人生。

每个人的一生，都是在改变的过程中不断完善自己，审时度势，因地制宜。要随时间、地点、人物、空间的改变，不断地完善自己，若论具体方法则需要做到以下三点：

一、要有终生学习的精神。学习虽然不是人生的全部内容，但是人生的全部过程都离不开学习。人从来到这个世界的那一刻开始，就进入了一个漫长的学习过程。从学习说话、吃饭、走路开始，到学习认字、读书。参加工作后，要学习各种专业技术知识。成家立业之后，要学会如何兴家立业，如何养育子女，如何尊敬父母。

从某种意义上说，人生的生命质量如何，都取决于学习的能力。因此，学习要持之以恒，只有通过学习的道路，才能实现人生所有的梦想。

二、要有包容世界的心胸。我们所处的世界丰富多彩，我们人类只是构成完整的世界中的一个元素而已。只有多种元素的聚合才能构成完整的世界。天下虽然没有两片相同的树叶，但是，不同的树完全可以共同生长在同一片森林中。不同的民族虽然有着截然不同的文化习俗，却可以共存在一个世界上。在这个世界，虽然高山、海洋、天空、大地都很博大，但是比高山、海洋、天空、大地更加博大的是人的心灵。

尽管这种境界我们不可能一下子达到，但是，我们可以不断地完善自己，让心变得宽广起来，让自己的每一分钟都不断地完善，不断地提升自己心灵的高度。

三、要时时记得生命在一分一秒的跳动中慢慢流逝。在生命成长的过程中，要感恩父母的养育之恩，要感恩老师的谆谆教诲。如果没有父母的养育，我们的生命不能得到良好的成长；如果没有老师的精心培养，我们就不能成为拥有文化知识的人。虽然在成长的过程中也有种种艰辛困苦，但艰苦的生活可以磨炼我们的意志，在挫折当中，我们可以变得更加成熟而坚强。人只有在不断的自我完善当中才能不断地改变自己的命运，让自己的生命在成长的过程中不断升华。

6 专心致志，快乐常在

很多人在生活中有着这样的体会，比如某次读到一本好书，兴奋得拍手叫绝，某次全神贯注地思考，竟然忘记了时间，某次编程的时候，突然获得灵感，为此欣喜若狂……其实，这些宝贵的生命体验无不来自专心致志、心无旁骛的状态。

有一次，孔子前往楚国，路过一片树林，看到一个驼背老人，手里拿着一根长长的竹竿正在粘知了。老人的技术非常娴熟，只要是他想粘，没有一个知了能够逃脱，就好像信手拈来一样。

孔子惊奇地说："您的技术这么巧妙，大概有什么方法吧！"驼背老人解释道："我的确是有方法的，夏季五六月粘知了的时候，如果能够在竹竿的顶上放两枚球，而不让球掉下来，粘知了的时候，知了就很少能够逃脱；如果放三枚球而又掉不下来，十只知了大概只能有一只逃脱；如果放五枚球不掉下来，粘知了就像随手拾东西那么容易了。你看我站在这里，就如木桩一样稳稳当当；我举起手臂，就跟枯树枝一样纹丝不动；尽管身边天地广阔无边，世间万物五光十色，而在我的眼睛里只有知了的翅膀。外界的什么东西都不能分散我的注意力，我怎么会粘不到知了呢？”

这个故事告诉我们，人在专心致志地做好一件事情的时候，一种静气会自然产生，令你获得精神的愉悦和心态的满足。电影《阿甘正传》讲述了一个名叫阿甘的美国青年的故事，他的智商只有75，进小学都很困难，但他几乎做什么事情都成功，无论是长跑、打乒乓球、捕虾，甚至谈恋爱。最后，他成为一名成功的企业家，而比他聪明的许许多多的人却活得并不成功。阿甘的故事是对聪明的一种嘲弄。

阿甘常爱说的一句话是：“我妈妈说，要将上帝给你的恩赐发挥到极限。”这部电影表达了美国人的一种成功理念：成功就是专心致志地将自己的潜能发挥到极限。

阿甘在影片中，被塑造成了美德的化身，他诚实、守信、认真、勇敢、坚定，重视感情，对人只有付出不求回报，也从不介意别人的拒绝，他豁达、坦荡地面对生活，把自己仅有的智慧、信念、勇气集中在一点，专心致志，只知道凭着直觉在路上不停地奔跑，他跑过了儿时同学的歧视，跑过了大学的足球场，跑过了炮火纷飞的越战泥潭，跑过了乒乓外交的战场，跑遍了全美国，并且最终到达了他的终点。

阿甘的成功，从某种意义上说，竟然得益于他的轻度弱智、不懂得用心机去计算输赢得失。他唯一做到的就是简单地坚持，傻傻地去做。很多时候企业里缺的不是“聪明人”，而是缺少这样的“傻子”。聪明人遇到问题总是抱怨公司、咒骂上司，算计着如何才能少出力，多拿钱。而阿甘的成功方法只有一个——不计成本地努力。

人们通常说：“个人的成功取决于个人的素质。”个人素质主要包括形体素质、智商、情商（心理素质）等三个部分。现代心理学研究表明，在决定一个人成功的诸多要素中，情商居于核心地位。我们常以智商来决定一个人是否聪明，但再聪明的人也有短处，再笨的人也有他的特长，阿甘虽然智商低，可他跑得快，会打橄榄球，会打乒乓球，会捕虾，可见只要人肯花费工夫，一定能在某一领域有所收获。

也许我们都比阿甘聪明，可是我们却不能长期地专心致志地做好一件事。阿甘知道自己的不足，所以比别人更专心，结果他成功了。很多在我们看来傻乎乎的人，往往比我们活得更加纯粹，因为在他们的心里，充满了善良和专注的种子，一旦遇到合适的土壤，就会开出美丽的花朵。

《阿甘正传》这部电影，之所以能够受到人们的广泛欢迎，首先是因为它肯定了人生奋斗的价值，其次，它肯定了专心做事的能量。阿甘可以坚持跑步，可以专心地打乒乓，可以一生只对一个女子保持深深的爱意，并且在女人离去后并不消沉，依旧专心致志地面对自己的生活。如果我们每个人都像阿甘那样专心做事、真诚对人，一切都那么自自然然，那么，我们的生活将会变得无比快乐！

7　不居功，不自傲，心与万物共和谐

在中国历史上，流传着这样一句古语："太平本是将军定，不许将军见太平。"无数名将，为国家的利益出生入死，最后，他们并未战死在疆场，而是丧命在自己的阵营中，被自己的皇帝所杀害。造成这种历史悲剧的原因，固然有着皇帝心胸狭隘的因素，但是，由于居功自傲、最终招来杀身之祸的著名将领也不在少数，说来令人惋惜。

三国时期魏国的名将邓艾，出奇兵灭掉西蜀之后，不觉有些自大起来，执掌魏国大权的司马昭对他本来就有防范之心，现在看他居功自傲、目空一切，恐怕日久生变，于是下诏书调他回京

当太尉，这一举措其实是明升暗降，削夺了邓艾的兵权。

邓艾虽有开拓疆土的功劳，也有运筹帷幄的谋略，但是，他却少了一点知人与自知的智慧，既不清楚自己的处境，也不明白为何招来麻烦。他只想到自己对魏国承担的使命尚未完成，还有东吴尚待剿灭，于是，他上书给司马昭说："我军新灭西蜀，以此胜势进攻东吴，所到之处必如秋风扫落叶。为了一举灭吴，我想领几万兵马做好准备。"而且，他还看不清楚皇帝欲削夺他兵权的真正意图，还在喋喋不休地阐述自己的灭吴计划。

司马昭看到邓艾上书，心中更加疑惑，他命人前去晓谕邓艾说："临事应该上报，不该独断专行封赐蜀主刘禅。"

邓艾争辩说："我奉命出征，一切都听从朝廷指挥。我封赐刘禅，是因此举可以感化东吴，为灭吴做好准备。如果等待朝廷命令，往返路远，耽延时日，于国家的安定不利。《春秋》中说，士大夫出使边地，只要可以安社稷、利国家，凡事皆可自己做主。邓艾虽说比不上古代先贤，却还不至于干出有损国家的事。"

邓艾强硬不驯的言辞更加使司马昭的疑惧之心大增，而那些嫉妒邓艾的人也看出了司马昭的心思，于是纷纷上书弹劾邓艾。司马昭最后决定除掉邓艾，派遣人马押送邓艾回京，在路途中将其杀害。

邓艾一片苦心，却由于自己不善内省，不知低调做人，最后惨遭杀身之祸。

历史留给我们的启示是沉重的，即使是在日常生活中，在公司企业里，居功自傲也不是一件好事。因为，居功自傲会让我们树敌无数，使自己陷入被人妒忌的小圈子，孤立无援。如果你在公司里目前的处境就是这样，那么就需要及时地调整策略。

世界上有这样一种人，总是觉得，你如果是"白"的，那么就显示出了他的"黑"，因为你的才干，就显示出了他的无能。所以，他们总是在你的背后捅刀子，想置你于死地而后快。

再说，我们也难以保证老板各个都是“贤明之主”，本来，下属的“功劳”对于老板来说是一件好事，但是，对于居功者，他同样会心存忌惮，他们会因此疑惧你：“这么能干的人，万一哪天被竞争对手挖走怎么办？”

这个时候，你的“自傲”就会激化这一系列的心理变化，老板也怕你万一翅膀硬了，会离开他另起炉灶，甚至成为他强有力的竞争对手，因此对你处处设防。

在这里，我们不妨换个角度看看自己，居功自傲不仅是对老板和同事的一种无形伤害，而且对自己也很不利。这种“居功自傲”的心理除了会导致人际关系紧张之外，还会使自己丧失许多理性的思考余地。

在现实生活中，凡是“居功自傲”的人，一般都难以吸取别人的失败教训，总是看到自己成功的光环，低估别人的能力，面对一些善意的劝告，还有可能会有抵触情绪。与同事交往，很难像过去一样，站在平等的位置上沟通交流。

另外，“居功自傲”者身边，由于其“功成名就”，也就容易出现一些“抬轿子”的人，他们当中有些人是出于对成功者的佩服和尊敬，但是，也会混入一些别有用心的小人。人在得意忘形的时候，是很难看得出别人的好坏的，可是，当你一旦失败的时候，这些人则会在你上房的时候抽掉梯子，让你重重地摔跟头。

因此，如何正确对待已经取得的“成功”，不仅仅是性格修养的问题，同时也是一个关乎生存发展的大问题。常言道：“夹着尾巴做人最安全。”在许多时候，这句话不无道理。

值得一提的是，我们切不可把自傲与自信等同起来。尽管只是一字之差，但其内涵却相去甚远。浅显而言，自傲的外在表现是霸气十足；而自信则往往表现于内在的人格独立。“傲气不可有，傲骨不可无”这句话也已经成为大多数人的共识，那就是“成功而不居功，自信而不自傲”，时刻以谦逊求得自保，以谦逊求得进取，以谦逊求得心与万物共和谐。

第三章 看清自己，常省自心

1　诚心待人:人欺天不欺

诚心诚意是做人的基本品质,也是人们相互依赖和友好交往的基础,每个人都喜欢和诚心诚意的人交朋友,因此,在人际交往的过程中,我们切忌口是心非,耍小聪明。耍小聪明只会得逞于一时,日后终究会被识破,到头来朋友离去,信誉尽失。所以中国有一句古语叫做:“路遥知马力,日久见人心。”

对于准备从事营销的人来说,最重要的是要了解商界的规则。因为商人们根据你过去的记录采取行动,所以你的行为都要言而有信。

萨克雷说:“大自然已经在某些人的脸上刻了一个代表信用的符号,无论他在哪里出现,都将受到尊重。你会情不自禁地相信这样一个人,他们的外表就能给人以信任感。在他们的脸上写着‘恪守承诺、诚心诚意’几个字。”

在美国,有这样一个故事:在一个印第安人聚居地周围新开了一家店铺,很多人到这个店铺里只看热闹,不买东西。过了几天,当地的印第安酋长来了,他对店主说:“把你的货物拿来看看。我要买一条毯子,给我的妻子买一块印花布……我的毯子需要付三块貂皮,印花布需要付一块貂皮。这样吧,我明天给你。”

第二天,酋长又来了,他背着一个大包,里面全是珍贵的貂皮。他对店主说:“嗨,我来给你付账了。”说着,他从包里抽出四块貂皮放在柜台上,稍稍犹豫了一会儿,他又抽出第五块,这是一块特别珍贵、特别稀有的貂皮。他把这些貂皮放在柜台上,然后问店主:“这些够了吧?”

店主约翰把最后那块非常珍贵的貂皮推回去,对酋长说:

“不，先生，你只欠我四块貂皮，我只收下我应得的，这块不应该属于我。”

两个人把这块貂皮来回推搡了半天，最后，店主执意不肯收，这时，酋长的脸上露出了满意的微笑。他走出门去，对那些正在看热闹的人喊道：“来吧！跟他做买卖吧，他不是一个贪心的人，是不会欺骗我们印第安人的！”说完，酋长又转身对店主说：“如果你刚才收下了最后这块貂皮，我就会叫他们不要跟你打交道，我们还会赶走其他顾客。但是现在，你已经成为印第安人的朋友了。”

这个故事说明了诚信的作用。为什么很多公司的字号沿用数十年甚至数百年不倒？正是因为老字号诚信的魅力，百年老店意味着一种正直的品格，具有可靠的信用。没有人会怀疑他们的产品是怎样制造出来的，也没有人会检查带有这个标志的产品的质量，因为，这些老字号本身就是一种质量可靠的象征，同时也是最好的广告。

这些“百年老店”的创始人，都是一些诚心诚意的人，它们做事恪守诚信，从来不会玩弄无中生有、愚弄顾客的伎俩，正是因为这样，他们才有了更多的机会交上好运，取得上天的回报乃至事业的成功。诚心诚意是做人、经商最大的资本，也是最应遵守的原则之一。然而，很多青年人对这一点缺乏认识，急功近利，只想在短时间内牟取暴利，经常忘记交易对方的需要和利益。

有的人一生都在编造花言巧语蒙骗顾客，有一些医生，在没有完全弄清患者病情的情况下，乱开大处方。有一些律师，为了赚取代理费拼命唆使客户打一场根本打不赢的官司；有一些记者，为了牟取蝇头小利不惜丧失职业道德，写一些下流的花边新闻。他们之所以做这些丧失道德底线的事，是因为他们有一个共同的“遮羞布”：“这个世界就是这个样子，别人都这么干，我也这么干，怕什么！”

其实，真正有道德、有操守的人，无论面对任何环境，都不会昧着良心做事，因为他们自己的心中有一架永恒的“天平”，在任何时候，他们都以欺骗别人为耻辱，他们绝不会说：“因为别人都这么做，所以我也这么做。”

从前有一个非常老实的樵夫，他做了一个梦，梦中有一个神仙告诉他，要他到很远的地方去寻找神仙树。神仙还对他说，如果找到了神仙树，他爬到树上，就可以飞起来，进入天堂。这个樵夫是一个诚心诚意的人，他听了神仙的话之后，毫不怀疑，第二天一早，就出发了，去寻找他梦中的神仙树。但是，他并不知道神仙树是个什么样子，只能一路打听，来到了一个庄园的门前。

这个庄园的主人，是一个非常吝啬的人，当樵夫向他打听神仙树的时候，他眼珠一转，狡猾地说：“我知道神仙树在什么地方，但是，我可不能这么白白地告诉你，你要想找到神仙树，必须给我白干三年活儿，干满三年之后，我才会带你去看神仙树！”

樵夫是一个老实人，他绝对想不到这个庄园的主人会欺骗他，于是，他就留了下来，在这里白白地干活儿，每天天不亮就起床，干到深夜才收工。就这样辛辛苦苦地干了三年。当他干活儿三年期满的那天，他对主人说：“我已经给你白白地干了三年活儿，现在，你应该告诉我神仙树在什么地方了吧？”

主人听了樵夫的话，万分尴尬，但是，他又不能在樵夫面前承认自己根本就没有见过什么神仙树。这时候，一个歹毒的念头从他的心里冒出来，他想起自家房后就是一个陡峭的悬崖，在悬崖上长着一棵松树。他想：“就让这个傻瓜爬到那棵树上去送死吧，如果他自己掉进山崖，也不关我的事！”想到这里，他满脸堆笑地领着樵夫来到了山崖边上，对樵夫说，那棵松树就是传说中的神仙树。

樵夫看到，那个悬崖上果然有一棵树在熠熠闪光，他很恭敬地对那棵树拜了三拜，然后就爬了上去。这个时候，天空中响起了美妙的仙乐，樵夫真的在很多神仙的簇拥下，飞入了天宫。

这一切都被那个庄园主看在眼里，他万分懊恼，心想，我真是太愚蠢了，原来，神仙树就在我家后院，可我却不知道，如果早知道这树真的就是神仙树，我非让那个蠢货给我白干10年不可！

回到家里，他把自己家后院有一棵神仙树的事告诉了他的老婆和儿子，他的老婆和儿子也都想飞到天上去享福，于是，他们一家三口也来到松树下面，模仿那个樵夫的样子拜了三拜，然后，他们争先恐后地爬到树上，结果，树枝承受不住他们三口人的重量，相继折断，庄园主一家人全都落入了悬崖。

这个故事告诉我们，世界对于我们每个人来说都是公平的，一分耕耘一分收获；一分付出一分回报。永远不要去幻想天上掉馅饼的好事，所有的奇迹，都是苦心奋斗的结果。

但是，也有人会说，我已经付出了，可是怎么还看不到回报呢？

要知道，诚心诚意对人的过程，本身就是一种回报，这是一种很高的精神境界，充满别人无法体会的快乐感与成就感，它是一个那样美好的过程，当你身在其中的时候会发现，世界原来如此之美。

2 了解自己：我是谁

我们看过这样一则笑话。

古时有个差役，押送一个犯人，这个犯人是一个和尚，差役怕失了物件，每晚睡前清点：这是行李，这是和尚，这是我。一日，和尚看到差役熟睡，趁机解开绳索，然后用一把剃头刀，将差役的头发剃光，然后偷偷地逃走了。当差役醒来时，发现和尚不见了，大惊。转而摸到自己的光头，他说：原来和尚在此，却不知我在哪里?

故事讲到这里,相信很多朋友都会哑然失笑,认为这个差役真是笨得可爱。可是,我们自己能不能清楚地回答自己:"我"究竟在哪里呢?"我"到底是什么?"我"是谁?我们已经生存在这个世界上很久了,你可曾弄清了这个问题:"我是谁?"

还有一则小寓言,或许能给你带来一点启示。

一个男人在弥留之际,感到自己的身体变得越来越轻,最后飞到天上,站在了天堂的入口处。这时,一个低沉的声音在问他:"你是谁?"

他回答说:"我是一个城市的市长。"

那个声音又问:"我没问你当什么官,我问你是谁。"

这个男人说:"我是一位百万富翁。"

那个声音又说:"我并没有问你有多少钱,我在问你是谁。"

男人说:"我是我四个孩子的老爸。"

那个声音有些不耐烦了,他说:"我并没有问你是谁的爸爸,我在问你是谁?"

男人说:"我曾是一位教师。"

那个声音说:"我也没有问你的职业,而是问你是谁?"

男人说:"我是一名虔诚的的基督徒,我很有爱心,经常去帮助一些生活贫穷的人。"

那个声音说:"我没有问你的宗教信仰,也没有问你都干了些什么事,我只想知道,你是谁?"

这个男人被难住了,他真的无法回答这个问题。这时候,天使告诉他,以他目前的情况,还不适合在天堂里生活,于是,他只好又回到了人间。但是,自从重新回到人间以后,这个男人的生活完全改变了,他发现,那些身份和光环,对自己来说并不重要,重要的是要弄清一个问题:"我,究竟是谁?"

思考人生，首先要从认识自己开始。要明白自己对自己的期望，对自己的人生负责，要学会做自己真正的主人，你绝不是某某身份的附庸。

但是，在现实生活中，很多人都不是自己的主人，他们不认识自己，不知道自己是谁，自己要达到什么目标，所以常常很盲目地跟随潮流走，人家说什么他就做什么。

从前在乡下住的父子要到城里去，一开始，父子俩牵着这头驴一起走路。走着走着，就听到有人说："哈哈！你看，这两个人真是太蠢了，有驴不骑，竟然在那里走路。"

父子俩听了觉得很有道理，爸爸就叫儿子骑着驴，自己走路。走着走着，又听到人家说了："你看你看，这个儿子真不孝，竟然自己骑驴，让自己的父亲走路。"于是，他们就换过来，这次让爸爸骑驴，儿子走路。

走着走着，又听到人家说："天下竟然有这样狠心的父亲，自己骑着驴却叫儿子走路。"

父子俩听了，很为难，不知怎么办才好。最后，父子两人终于想出了一个两全其美的好方法：两个人一起骑着驴进城。

走着走着，又有人说话了："你们两个人加起来那么重，竟然骑在一只小驴子身上，驴子都快要被你们压死了！"父子俩听了，赶紧下来，又不知该怎么做才好，最后，两个人一商量，干脆用绳子把驴捆起来，父子两人扛着驴子进城。

这虽然只是一则寓言故事，但是，这个故事却告诉我们，不能把自己的判断建立在别人议论的基础上，我们要时刻认清自己、了解自己、做自己真正的主宰。

有时候，我们一边享受着自由生活的福祉，一边给自己的头脑和心灵设置许多禁区。很多人觉得自己活得很累，不得不看别人的脸色行事，不得不为别人活着。其实，这就是失去了自己的典型表现。

说到"寻找自我"，很多人会把这个概念同强烈的自我意识混为一谈，其实,自我意识太强的人,并不是真心找到自我的人。有些人喜欢在公众场合哗众取宠,有些人喜欢当“老大”,受到别人的恭维,以种种方式显示他的地位和权势。

其实,这些太爱表现自己的人,非但不能成为别人的主人,也永远做不了自己的主人。因为他们拘泥于物欲,自己本身就是物质的奴隶。今天的权势,不过是一阵过眼烟云,明天睁开眼睛,也许还是布衣草根。所以,既要有坚定的内心,同时也要懂得低调做人,只有这样,才能找到真正的自我。

3 莫贪名利,享受快乐人生

人活在世上,无论贫富贵贱,穷通逆顺,都免不了要和种种名利打交道,有些人对个人的利益看得过重,如果公司领导不能满足他的个人利益,就会牢骚满腹。这样的情绪不仅增加了个人的痛苦,同时也会影响到自己职业生涯的发展。产生这种情绪的原因,说到底就是把名利看得过重,这样就给人带来了无尽的烦恼,甚至引诱你陷入贪欲的深渊,导致身败名裂。

其实,名利只是一件华丽的外衣,人生时带不来,走时带不去。但是,仍有很多人看不透名利的真相,陷入到烦恼的迷雾之中不能自拔。

如果想让自己活得轻松,就要看穿名利的本质,你是一个做生意的人,原来想肯定能赚一百万,由于名利的诱惑等种种原因,最后到手的只有十万。这时后退一步想:毕竟没有赔钱,还赚了十万呢!

如果你在公司里遇到人事调整,本来设想自己这次肯定能够升职,可宣布各部门人选的时候,你侧着耳朵听,也没听到老板念你的名字。当你遇到这种情况的时候,退一步想:自己毕竟没有被老板炒了鱿鱼。然后,再想想自己为什么没有得到提拔,如果的确不是你的错,那就是老板没有发现你这匹千里马，损失的是老板而不是你。让他遗憾去吧！

如果你在单位里遇到职称评定，差一点儿就评上了，可惜只差一票。你退一步想，这次差一点，那么，回去再努力一年，再评的时候，你就有可能全票通过了。

如果你很不幸地被老板炒了鱿鱼，你这时候的心情肯定不如你炒了老板那么痛快，但是，你退一步想：毕竟只是被老板炒了，而不是被坏人杀了，只要身体健健康康的，到哪儿找不到一份工作呢？

如果你炒股，本来可以赚 5 万元，但是由于贪心，最后只赚了 5000 元。这时候，你千万别骂自己太愚蠢，退一步想：毕竟还赚了 5000 元，而不是赔了 5000 元。

如果你炒股很不幸赔了 5000 元，你也不必为此懊恼，毕竟只赔了 5000 元，而不是赔了 1 万元。

假如你现在正在生病，心情肯定很不好，但是，要知道，心情不好对你身体的恢复只有坏处没有好处，因此，你要尽量调整自己，不要沉迷在生病的情绪中不能自拔，后退一步想：毕竟生病的时候可以好好休息一下，那你就趁着这个机会，好好给自己放一个长假吧！

我们上面说的这几种心态，虽然不会立刻给你带来财富，但却可以让你在任何状态当中，都能保持一份快乐的好心情。让自己享受快乐人生的方法有很多，不是我们找不到让自己快乐的方法，而是有了追求名利的心，是这颗心把我们挡在了快乐人生的门槛外面。

如果放下苦苦追求名利之心，我们就不会在失败面前灰心丧气，同时，也不会在成功面前骄傲自满。如果始终保持一种乐观豁达的人生态度，就用一种超然的心态对待眼前的一切，不做世间功利的奴隶，也不为凡尘中种种困扰所牵挂，不为烦恼所左右，就能够使自己的心灵不断升华。如果真能做到看淡名利，我们就能在物欲横流的今天，始终保持一份独有的安静，坚守精神家园，让人性回归到本真状态，从而获得心灵的充实与自由……

在有限的生命中，每个人都在寻找最好的生存方式，但是，在竞争日益激烈的今天，生活向每个人提出了严峻的挑战，公司裁员，连饭碗都有可能保不住；想要做生意，巨大的风险又无法承担；没有合适的意中人时，时时渴望有个家，可是结婚之后，家庭里又是“战火”不断……实际上，这些问题并不完全是由社会和他人造成的，在很大程度上，问题出在自己身上。我们不妨来观察一下这些陷入困境中的人们，他们之所以面临各种各样的问题，就是因为他们的生活方式出了问题。人与其想要改造世界，不如改造自己的内心，对于那些一时不属于自己的东西，就把它当作眼前的浮云，不论世界多么熙攘纷扰，都要始终保持平静的内心，做到一切顺其自然。

说到顺其自然，还需要指出一点，顺其自然并不是随心所欲，随波逐流，同时，也不是随遇而安，得过且过。顺其自然指的是一种合于大道的精神，一个人只有弄明白世界本来的真相，才有可能顺其自然。

要知道，鱼儿不能因为羡慕鸟儿就能够飞上天空，小草不能因为羡慕大树就能够挺拔云端，一个人更不能因为羡慕别人的成就，就可以盲目地模仿。在这个世界上，最不幸的人就是那些永远追随潮流跑来跑去的人，他们永远找不到属于自己的路，但却在忙忙碌碌的奔忙中消耗了自己的一生。只有在顺其自然的状态下，努力工作，才能感受到生活的快乐和生命的自在。

4　滴水之恩，涌泉相报

有人是这样评价我们当前这个社会的：我们生活在一个最美好的时代，也是最糟糕的时代；我们赚的钱更多了，人情味却更少了；我们的交通工具先进了，公交车上站着的老人却更多了；我们能登上月球探索太空，却不愿伸出手来帮助对面的邻居；我们的股市价格一路狂涨，价值观却成倍地下降；这个社会人人信奉“此仇不报非君子”，却怎么也流行不起来“滴水之恩，涌泉相报”……只有索取，不懂回报的人越来越多，而懂得“知恩图报”的人却越来越少，人们的心越来越狭隘，而仇富鄙穷的心理却越来越严重，它加深了人与人之间相处的沟壑，以至于酿成了深深的道德危机。

中华民族是一个素来懂得“知恩图报”的民族，翻开历史的长卷，我们看到了无数“受人滴水之恩，需以涌泉相报”的故事。

公元前453年，晋国有六大家族争夺政权，有一名叫“豫让”的侠客，曾经在范氏和中行氏手下，但却没有受到重视。后来，豫让投靠智伯，在智伯这里，他得到了重用。

在晋国的各大家族之间，赵襄子与智伯有着极深的宿仇，赵襄子联合韩、魏两家消灭了智伯，并用智伯的头骨当酒杯。豫让认为，一个有价值的人，应该为赏识自己的人慷慨赴死，就好像女子应该为真心喜欢自己的人精心打扮一样。于是，他下定决心为智伯复仇。

豫让先是改变姓名，混进宫廷，企图借修理厕所的机会，在赵襄子入厕的时候用匕首刺杀他，可是赵襄子在上厕所的时候突然有所警觉，命令手下将豫让搜捕出来。赵襄子的随从本想杀他，赵襄子却认为，豫让肯为故主报仇，是个有义之人，将他释放了。但是豫让并没有死心，为了接近赵襄子，他不惜忍受巨大的痛苦，全身涂抹油漆，口里吞下煤炭，乔装成乞丐的样子寻机报仇。

他的朋友规劝豫让说：“以你的才能，如果假装投靠赵襄子，一定会得到重用，到那个时候下手岂不更加容易？何必这样虐待自己呢？”

豫让却说：“如果我向赵襄子投诚，我就必须忠诚地对待他，绝不能虚情假意，我不能用这种卑鄙的手段去替我的主人报仇。”

有一次，豫让听说赵襄子要出门，有一座桥是赵襄子的必经之路。豫让就埋伏在桥下，准备在赵襄子过桥的时候刺杀他。

赵襄子过桥的时候，他的马突然惊跳起来，使得豫让的计划再次失败。赵襄子的卫兵捉到了躲在桥下的豫让，赵襄子责备他说：“你以前曾经在范氏和中行氏手下工作，智伯消灭了他们，你不但不为他们报仇，反而投靠了智伯；那么，现在我消灭了智伯，你也可以投靠我呀，为什么一定要为智伯报仇呢？”

豫让说：“我在范氏、中行氏手下的时候，他们只是把我当成普通人，所以，我也可以用普通人的方式对待他们，而智伯却非常看重我，把我当成最优秀的人才，他是我的知己，所以，我必须用知己的方式去对待智伯，所以，我必须要替他报仇！”

赵襄子听了豫让的话非常感动，便说：“你对智伯，也算是仁至义尽了；而我，也放过你好几次。这次，我不能再释放你了，你好自为之吧！”

豫让知道这一次自己非死不可了，于是，他恳求赵襄子：“希望你能让我完成最后一个心愿，将你的衣服脱下来，让我刺穿；这样，就算我完成了使命，即使是死了，也会含笑九泉。”赵襄子接受请求，脱下了自己的衣服，豫让在赵襄子的衣服上连刺三剑，然后自刎而死。

豫让虽然已经死了数千年，但是，他知恩报恩的故事，却在中华大地上广为流传。在当代，知恩图报的事例也同样感人至深。

张君是一个孤儿，他很小的时候，父母亲双双死于一场车祸。村里的乡亲看着这个孤苦伶仃的孩子很是可怜，全村的人都来帮助他。大家纷纷送给他吃的、穿的，还给他凑钱，供他读书。当时，他虽然很小，但他早已将这一切深深地印在了心里，他暗暗发誓，将来，一定要好好报答这些曾经帮助过他的人。

他16岁那年，去广东打工，在他经历了许多磨难之后，终于实现了他的梦想，自己开了一家玩具厂，并且生意很好。这时他没有忘记曾经帮助过自己的父老乡亲。他经常打电话给村里，只要谁家有困难，他就毫不犹豫地帮助解决。他帮助村里修好了公路，建立了小学校，村里很多人都在他的帮助下，走上了致富的道路。

2008年，一场金融风暴使他的工厂陷入困境，可他并没有告诉村里的人。他自己的生活已经陷入困境，但他仍然努力地帮助乡亲，听说谁家有孩子考入大学，马上寄去学费和路费。

后来，他的工厂马上面临倒闭，资产就要被银行拍卖抵偿债务了，他仍然咬牙坚持，没有把自己的困难透露给乡亲们。

这时候，另一个在广东打工的小伙子回到家乡，乡亲们终于知道了他的真实情况。这时，村里人没有袖手旁观，村长马上召集大家伙儿开会，商量如何帮他走出困境。后来，村里人决定，有钱的人家为他筹钱，没有钱的人家派一名代表，为他的产品作义务销售人员。在村里人的帮助下，他的工厂慢慢地有了起色，不仅还清了银行的贷款，同时还有了更多的盈利。

滴水之恩，当以涌泉相报，用一份爱去回报父母的养育之恩；用一份尊重去回报老师的教导之恩，用一颗真诚的心去回报朋友的关心，用一颗无私的心去回报社会大众。

当我们的心里有了这份爱，我们的生活就会变成爱的海洋，当我们的生活中有了这份爱，我们的心就不再孤单。当你穷困潦倒时，有人会向你伸出援助之手；当你陷入黑暗时，有人会为你点亮一盏灯，当你遭遇失败时，有人会为你铺垫一块块基石，成为你重新取得成功的起点。

5　在寂寞中磨砺成功的信念

人生不可能总是一帆风顺，所以，在追求成功的道路上，走过一段曲折的道路也是在所难免的。没有经历过挫折的人生是不完整的，有时候，磨难也是人生的一种财富。

马兆华虽然只有27岁，可他却已经有着10年的打工经历和几年的创业历史了。人们常说，在大学里学的都是理论知识，毕业后进入社会，这才是人生实践的开始。而马兆华在14岁那年就进入了社会这所大学校，过早进入社会的经历，使他比同龄人成熟了许多。少年的马兆华在心灵深处埋下了一颗立志改变命运的种子，正是这颗种子，促使他在以后的十年中，始终如一地坚持着，努力着。

马兆华在十年打工生涯中换过几个工厂，但基本上都是浙江商人的企业，且都是太阳能热水器企业。

最初，他在车间里做零工，凭着自己的聪慧、好学，开始钻研技术和工艺，并以一个工艺改进的小创新赢得了主管的赏识，被调到技术部门。从此，他从一名打工仔提升为技术人员，就这样，他有了更多的机会接触企业老板，一边学习老板做人做事管理企业的方式方法，一边潜心钻研技术，不断改进产品性能，完善产品工艺。这段丰富的职业经历，对他以后创业起到了关键的作用。

在浙江商人的企业里干了多年之后，每天耳濡目染，马兆华的思维能力得到了很大的提升。他从小就有一个创业梦，后来，这个梦在他的心里逐渐地清晰了。在他打工的第十个年头，马兆华毅然辞职，凭借自己对太阳能热水器技术的掌握和对太阳能市场的熟悉，与朋友合伙开起了工厂，产品就是太阳能热水器。

尽管他有着丰富的实战经验，但在最初的角色转变时，马兆华还是经受了诸多考验：资金不足，货款难追，产品在市场上不被认可，经销商难以管理，还有与合作伙伴的意见分歧……其中的每一道关隘都让他进退维谷。

一年多的磨合，让他备感创业的艰难，同时他也积攒了信心和勇气。2008 年，他与合作方分离，创建成立了乐歌太阳能有限公司，并在短时间内迅速占领市场，铺好渠道网络，同时，大力做足品牌传播，树立终端形象，第一年销量就突破 10000 台。从这一年开始，马兆华掀开了自己创业史上辉煌的一页。

“面壁十年图破壁”，在十年的时间里，马兆华演绎了一场从打工仔到企业老板的飞跃，其中的几多坎坷、几多磨砺，都将成为他人生经历中不可或缺的巨大财富。

与众不同的人生阅历，使他比别人更早地读懂了人生这本书，在不断的碰壁和摔打中，学到学校所不能教给他的知识。上天不会辜负每一个肯于努力之人。

第四章　日日洗尘，净化心灵

1 严谨自律，职场必然一路畅通

严于律己是取得成功的主要因素，在严于律己这方面，晚清名臣曾国藩堪称楷模。

曾国藩在取得了赫赫战功之后，仍然低调做人，从金陵回到湖南老家时，在他运输的财物中，数量最多的就是书，其他衣服用具加起来，价值不超过三百两银子。

同治十年(1872年)十一月二十二日，曾国藩移居经过翻修的总督衙署，看到花园正在修缮，工程尚未结束。曾国藩参观之后发出感叹，认为自己居处太过奢侈，享用太过。

作为清朝的一代名臣，在那样一个腐败成风的年代，他始终能够做到严于律己。

说到严于律己，就是在克服欲望上下功夫。欲望是人的一种本能。人从出生的那一天开始，就与各种欲望结下了不解之缘，饿了的时候有食欲，渴了的时候有饮欲，困倦的时候有想睡的欲望，冷了的时候，有渴望温暖的欲望，缺少东西的时候，有希望得到某种物质的欲望，情窦初开的时候，有追求异性的欲望……

虽然欲望是人正常生理的需要，但是，如果让这些欲望任其发展，就会把人拖入深渊。《韩非子》说："有欲甚，则邪心盛。"唐玄宗李隆基在位前期，励精图治，将唐王朝推上盛世的顶点，这就是历史上有名的开元之治、天宝盛世。后来，他穷奢极欲，享乐无度，宠幸杨贵妃，从而导致了延续八年的安史之乱，致使生灵涂炭，哀鸿遍野，唐王朝由此转盛为衰。

《元史·许衡传》里有这样一段记载：许衡做官之前，一年夏天外出，天热感觉口渴难耐，刚好道旁有棵梨树，众人争相摘梨解渴，惟独许衡不为所动。

有人问他为何不摘个梨来解渴?

许衡回答说:"不是自己的梨,岂能乱摘!"

那人道:"乱世之时,这梨是没有主人的。"

许衡非常严肃地说:"梨无主人,难道我的心也无主吗?"

许衡面对饥渴,终于没有摘一个梨。许衡之所以能够做到洁身自好、严于律己,正是因为他能够牢牢地控制自己内心的缘故。

中国传统文化一直强调修身的重要性,其中,修身最重要的内容就是严于律己。君子慎独,一直都是古今贤人在道德修养方面所追求的目标。今天,我们面对错综复杂的大千世界,来自各方的种种诱惑层出不穷,我们将何以安身自处?唯一的应对方式就是无欲则刚。当一个人具有了严于律己的品格,在任何时候,福虽然未至,但是,灾祸已然远离。

2　自私自利,害人害己

《孟子·尽心上》中有这样一段话:"杨子取为我,拔一毛而利天下,不为也。"这里所说的"杨子"即是杨朱,杨朱的学说主要提倡极端的个人主义,哪怕是拔下一根毫毛可以利益天下,他也不会做。后来,人们用"一毛不拔"来形容极端自私、吝啬的人。

通过这段话,我们可以看到,极端自私的人自古有之,这种人只考虑自己的利益,一心只为自己打小算盘,为了自己,不惜损害别人的利益。在职场中,谁都不愿意与这样的人一起共事,时间久了,这样的人终会众叛亲离,无论他有多么聪明能干,也绝不会取得大成就。

有一家著名公司招聘员工,进入这家公司,意味着可以得到丰厚的薪水和令人诱惑的福利。所以人们趋之若鹜,竞争非常激烈,经过层层淘汰之后,有5个人进入决赛。这5个人各有所长，势均力敌。按照公司的规定，要求这5个人要在面试那天早上9点准时到达面试现场，任何人迟到都将取消应聘资格。面试的那天，5个人早早就来了。由于他们来得早，5个人凑在一起聊天。这5个人都知道，除了自己之外，其余4个人全都是自己的敌人，所以大家都很谨慎小心，生怕泄漏出内心的秘密。

就在这时候，有个中年男子气喘吁吁地跑了进来，很奇怪，在前面的几轮笔试、口试中，都没有见过他。这个人感觉自己来晚了，有点尴尬地跟这5个人打招呼。

这5个人也很尴尬，本来不想理他，可是又不好意思。忽然，这个中年男子一摸口袋，大叫一声："哎呀，不好！忙着出门，我的钢笔忘记在家里了！"

这5个人谁也没有接他的话题。可是，那个中年男子并没有因为别人的冷落而感到不好意思，他自己凑上来说："哪位把钢笔借给我用一下，我填写一下简历表。"

这5个人面面相觑，都不想借给他用，这时候，他问其中的一个人："麻烦你，钢笔给我用一下。"被他问到的这个人支支吾吾地说："我的钢笔也不好使。"

他又问了另外一个人，这个人也找了一个借口拒绝了他。这时，这个中年男人的脸上泛起一丝绝望的表情。就在这个时候，有一个戴眼镜的中年人把手里的钢笔递给了他。那个中年男人很感激地跟他握手，其他4个人都很不满地瞪了这个戴眼镜的人一眼，心里怪他多管闲事。

面试只有20分钟，很快就过去了，接下来，就要宣布招聘结果，这5个人的心里都很紧张。

这时候，人力资源部的门打开了，刚才那个四处借钢笔的男人和人力资源部专员从里面走出来。大家都很奇怪。只见那个男人径直走向了戴眼镜的中年男子，再次跟他握手并向他表示祝贺。原来，刚才借钢笔用的男子就是这个公司的老板，刚才他向这5个应聘者借用钢笔，也是今天面试的一项内容。

最后，他对其他4位落选者说："我们公司不仅需要优秀的技术人才，同时，我们更看重一个人的品格，一个自私自利的人，是不可能成为优秀员工的。"接着，老板又不无遗憾地补充了一句："其实，你们落选的这几位，经过层层选拔，过五关斩六将，也非常不易，最后，是你们的私心使你们失去了机会！"

在职场竞争中希望自己战胜所有的对手脱颖而出，这是每个求职者的共同心理，但是，这种竞争必须建立在公平的基础上，任何一个老板都不希望一个自私自利、没有同情心的人进入他的团队，因为这种自私的人，极有可能成为公司里的一颗"定时炸弹"。

真正的胜利者，则是抱着一种"与大家共同成长"的理念与人共事，决不把成功建立在损害别人利益的基础之上。这种心胸豁达的人，不仅在工作中如此，在人生各个方面都是和谐的。只有永远关心别人的人，才能给自己所在的团队带来乐趣，当你开始关心别人时，别人也会关心你，你会很快发现自己周围尽是朋友。他们乐于与你合作，与你共事。在一个竞争的时代，谁懂得将大家的能力汇聚在一起，谁就将无往而不胜。

3 在工作中享受美好的过程

生命的意义在于过程而不在于结果，而工作的意义也同样需要通过完美的过程来实现。当一种追求得到回报时，阶段性的成果也会令人鼓舞，我们也有可能陶醉在阶段性的成功里面，减弱了对于最初设定的那个终极目标的追求力量，因为暂时的得意消减了往日创业的激情。

很多人在工作中，一味追求圆满的结果，却忽略了过程的严谨，这是一种舍本逐末的做法，不要让自己的生命在等待结果时虚度，所有的成功都是在过程中。

人在追求过程的时候，经常会遇到各种各样的困难，有的人在与困难较量的过程中败下阵来，也有人随着自己际遇的变化不断调整自己，最后终于克服困难，获得了令人瞩目的成绩。

老子说："柔弱胜刚强。"也就是古人所说的"随遇而安"。这个词出自清朝刘献廷的《广阳杂记》："随遇而安，斯真隐也。"意思是说，不管遇到什么环境，都能安然自得，感到满足。凡事要随遇而安，遇到什么事就应付什么事，没有过不去的火焰山。当你在为某个结果焦灼痛苦的时候，请你问一问自己，你是否做到了在工作中享受这个过程呢？

以享受过程的心态去工作，以享受过程的方式去等待成功的结果，这是通向成功的最短距离，也是我们在等待成功时的最佳心态。在享受工作的过程中，无论天气是明媚还是阴晦，无论心情是愉悦还是抑郁，我们都要安然地享受它。

很多人在开始一项新工作的时候总是"怕"字当头，怕什么呢？怕的就是那个枯燥而复杂的过程。这种害怕困难、害怕未知事物的心理就像一团杂草，让人感觉到心绪不宁。其实，大可不必害怕，因为只有在过程中享受奋斗的惬意，最后才能真切地品尝到成功的幸福和快乐。

当你在接受一项全新任务的时候，首先要勇敢地面对现实，克服困难，解决矛盾，也许这个过程充满了艰辛，但却非常充实。当我们实现了这个艰苦而充实的过程之后，美好的结果自然会显现出来。

如果什么事都不敢去做，又怎么能够享受到成功之后的满足呢？

当然，随遇而安并非消极等待，听从命运的摆布，更准确地说，随遇而安是在努力地寻求生命的平衡。

如果一个人能用从容的心态看待我们遇到的一切，看山是山，看水是水，一份可以立身活命的工作，一个健康有为的身体，一个安定和谐的家庭，足以让我们这颗躁动的心安定下来。在生命这个美丽的旅途中，我们就像一个快乐的旅人，而随遇而安的心态则是我们踏上人生这一美丽旅途的车票，在这次旅行中尽情地享受这个过程，这是一种高尚的人生境界。谁能达到这种境界，谁就可以享受到生活的美好。

在这个美丽的旅途中，我们会用同样安定的内心，去面对我们所经历的每一次成功或失意，这些成功或失意，不过是人生这趟列车所经过的一个又一个小站。所以，我们说，心态决定命运。

4　忍耐是飞向成功的“翅膀”

相传在上古的时候，有一种大鸟，这种大鸟张开翅膀的时候可以遮天蔽日。大鸟家族有一个理想，它们希望能飞到太阳里去。可是，太阳是一个巨大的火球，很多大鸟的祖先都在飞向太阳的路途中，翅膀被太阳烧焦，最后功败垂成。一个又一个地死在了飞向太阳的途中。

不知道过了多少年，大鸟家族有了一个年轻的首领，它体魄健壮，头脑聪明，这一次，它没有像祖先那样盲目地开始它的行动，而是一次一次地飞起来，用翅膀撞击悬崖，它的翅膀伤痕累累，最后翅膀上的羽毛全部脱离，只剩下骨头，但是，尽管它的翅膀鲜血淋漓，但它仍然继续飞翔，直到它的翅膀长出了新的羽毛。然后，它又开始再次撞击山崖，把翅膀弄伤……

这时候，大鸟家族内部很多长辈开始对它议论纷纷，认为这个年轻的头领背叛了祖先的遗愿，因为它总是在山崖前面打转，没有死在飞向太阳的途中，真是没有出息。大鸟听到这些流言，却一直不为所动，年复一年，大鸟一直在坚持不断地折磨自己的翅膀，最后，它把自己的翅膀磨砺得比钢铁还要坚硬。

这一天，大鸟召集了家族中所有的鸟，它郑重地宣布，今天，要开始挑战太阳了。很多鸟都对它的决定不屑一顾。就在这个时候，大鸟一飞冲天，还没有接近太阳的时候，大鸟翅膀上的羽毛已经被太阳中喷发的火焰烧光了，但是，它翅膀上坚固的筋骨还在，它的筋骨在漫长的时间里，已经被锻炼得无比坚硬，于是，它展开光秃秃的翅膀继续飞翔。

这时候，它身上的羽毛也全都燃烧起来，大鸟忍受着巨大的痛苦，用尽全部力量冲向了太阳……原来，太阳的外面有一层火焰，而里面却是一片巨大的乐土，大鸟终于实现了家族祖先的愿望，它们成了太阳中的神鸟。

通过这个传说，我们可以得出这样一个结论：追求的过程是痛苦的，这个过程充满了伤痛、挫折、孤独、寂寞……当你不甘心命运的安排，但实力又不足以支撑你顺利取得成功时，最好的办法就是不断地修炼自己。这个过程是漫长而痛苦的，忍耐是人生的一堂必修课，中国人在造字的时候，在心的上面放了一把利刃，把刀放在心上，由此可见，忍的过程是多么痛苦！

任何一个在事业上有所建树的人，都有超乎常人的忍耐力，如果经不住痛苦的考验，我们的人生将会是一片苍白。

我国某个寺院中住着一个非常有名的禅师，很多人慕名而来，希望听他讲课。和尚说禅有板有眼，可是很多游客都感觉到枯燥乏味，禅师还没有讲到一半，很多人已经昏昏欲睡，讲到最后，全场几乎全都打起了瞌睡，只有一个人依然正襟危坐，专心致志地听着大师深奥的讲解。这时候，有一个记者走了进来，他询问这个年轻人："大家都在打瞌睡，你为什么要如此聚精会神地听讲？"这个年轻人笑了笑说："你说得对，我也动过想睡觉的念头。但是，就在我的眼睛快要闭上的一瞬间，我突然想，为什么不试试自己在这种情况下的忍耐力有多大呢？听了一半，我觉得自己做得还不够好，我就提醒自己：下次争取忍耐得更好一些。如果以这种耐力去面对人生中遇到的种种难题，还有什么解决不了的呢？我决定忍耐到底。于是，我一直没有打瞌睡。”

后来，这个记者又拿这个问题去问那个禅师：“大家全都在打瞌睡，你为什么还要讲得那么认真？”

禅师说：“你说得不对，课堂里的人没有全都打瞌睡，至少还有一个人在听我讲课。”

几年以后，那个在课堂上认真听课的年轻人，成为一家上市公司的董事长。

耐力是“金刚钻”，它能穿透浮躁的表层、片面的光环、纷繁的过眼云烟，当你用心于自己所确定的目标时，耐力会更加持久。

忍耐是一种超越，超越情绪的束缚，超越自我的成见，甚至超越既有的感觉。

忍耐是一种豁达，对人情事理的豁达，对名利的豁达，对褒贬的豁达。

忍耐是一种成长——智慧的成长，圆融的成长，性格的成长。

忍耐不是把自己逼到墙角，而是跳脱现有的格局，看到更加宽广的未来。

在忍耐的过程中，激发出自己从来都没有发觉到的能力，咬紧牙关，逼着我们锻炼出真正的力量。

当我们在经历痛苦时，不要埋怨，要学会在忍耐中看到光明！喜欢安静的人要忍受喧哗，喜欢热闹的人要忍受寂寞。夏天要忍受炎热，冬天要忍受寒冷。年轻时要忍受磨难，年老时要忍受疾病。我们的人生时时刻刻都在经历着忍受，那么就让所有的痛苦都在忍受中得以淡化，让所有的委屈都在忍受中得到安慰，让所有的眼泪都在忍受中化作一缕轻烟，让所有的怒气都在忍受中渐渐平息……

当然，忍耐并不是逆来顺受，屈服于命运，生活的艰辛在人们的心中埋下了太多的隐痛。唯有忍耐才能使人坚信：风雨过后必见彩虹。

5 锱铢何必较，大度君子心

每当我们到寺院中旅游的时候，经常会见到这样一副对联：上联是“大肚能容，容天下难容之事”；下联是“开口便笑，笑世上可笑之人”。看到这副对联，我们就会联想到笑容可掬的弥勒佛。

纵观古今中外，但凡有所作为的人，除了自身卓越的才智和顽强的努力之外，还有一个共同的特点，那就是胸怀大度。

一个单位的领导者，只有具有博大的胸怀，才能做到知人善任，留住各路精英，使自己的事业蒸蒸日上。凡是立大志者，必有与其事业相匹配的胸襟雅量。

古时候，山东曹县有个做生意的人，名叫于令仪，于令仪虽然是生意人，但是他总是宽厚待人，积德行善。到了晚年，他不仅名声远播，而且，事业也达到了鼎盛。有一天晚上，一个小偷到他家来行窃。结果，小偷失手，被于令仪的几个儿子给捉住了，仔细一看，原来是住在同一条街上的年轻人。

于家的几个年轻人把小偷捆绑起来，押着去见父亲，等候父亲发落。小偷知道这件事如果张扬出去，从今以后就会没脸见人，再加上害怕于家人惩罚，便跪在地上求饶，请求于家放他一条生路。

于令仪让几个儿子给小偷松绑，并让儿子们退去，然后，于令仪态度和蔼地对小偷说：“你过去是一个老实厚道的好孩子，从来没有做过违法乱纪的事，现在怎么干起这种事来啦？”

小偷满面羞愧地说：“其实我也不想做贼，是因为生活所迫，我才铤而走险的！”

于令仪对年轻人的遭遇非常同情，答应放过年轻人，并问年轻人需要点什么东西带回去。

年轻人大吃一惊，简直不敢相信自己的耳朵。但于先生慈祥的态度让他完全释怀，他结结巴巴地说："只想得到一点钱，买几件御寒的衣服和一些吃的粮食。"

于令仪随即叫家人拿来很多钱，送给了年轻人。年轻人万分感激，没想到行窃被抓，非但没有遭到惩罚，还受到了特殊的"优待"，于是连忙向于先生打拱作揖，保证以后决不再犯。行礼过后，小伙子背着钱袋朝门外走去。

就在他快要走出大门的时候，于令仪突然喊住了他，年轻人以为于令仪变卦了，吓得冒出一身冷汗。原来，于令仪只是让他在自己家的客房里睡一会儿，等天亮了再走。

年轻人不明其故，于令仪拍了拍他鼓鼓囊囊的口袋说："现在天还没亮，你背着那么大的一个包裹出去，人们难免会说三道四，你不如在我家休息一下，等到天亮以后你再动身，别人就不会有什么议论了。"年轻人听了于令仪的话，非常感动，从此以后他洗心革面，成为一个正人君子。

这个年轻人没有继续从事"偷"的职业，完全得益于于令仪的宽容大度，其实，是于令仪给了这个小伙子充分的尊重，点燃了他心灵中的那盏良心灯。

在生活中，只有大度为人，具备豁达的心态，才能与人融洽相处。所谓"大度之人好办事"，就是说大度之人胸襟开阔，谦虚礼让，有君子风度，不在鸡毛蒜皮的小事上斤斤计较。清朝宰相张廷玉就是这样一个人，"六尺巷"的故事一直被后人广为传颂。

清朝康熙年间，某日，一匹快马跑进宰相府，宰相张廷玉收到一封来自安徽桐城老家的信。原来，他家与邻居叶家发生了地界纠纷。两家大院的宅地都是祖上留下来的，原本就是一笔糊涂账，加上年代久远，地界问题更是说不清楚。两家的争执发生后，公说公有理，婆说婆有理，彼此互不相让。由于牵涉到宰相大人，官府和旁人都不愿沾惹是非，张家人只好把这事儿告诉了一家之主张廷玉。

张廷玉看罢来信，只是淡然一笑，挥笔写了一首诗："千里家书只为墙，让他三尺又何妨。万里长城今犹在，不见当年秦始皇。"随后将这首诗交给来人，命其快速带回老家。

家里人见到书信喜不自禁，以为老爷一定会给他们撑腰，但是，当他们打开信件一看，纸上只有一首诗，诗中的意思是叫他们退让。

起初一家人都不高兴，后来一想，觉得"让一让"确实是较好的办法，于是立即动手将院墙拆了，向内退让了三尺，此举一出，街坊邻里无不称赞张家人豁达。

看到宰相一家的忍让行为，邻居叶家也非常感动，经过商量，叶家也把围墙拆掉，向后退了三尺。争端的风波就此平息，两家之间空出了一条巷子，有六尺宽，成了历史上著名的"六尺巷"。

在道德水准日益下降的年代，人们真诚而强烈地呼唤大度君子，同时也希望自己变成一个大度之人，因为每个人都喜欢与大度的人打交道。一个心地开阔、能以宽厚之心待人的人，他的身边总会聚集一些愿意与之亲近的人，与此相反，那些心胸狭窄、计较蝇头小利的人，往往导致众叛亲离。所以说，宽容别人，就是善待自己，让一步，解除嫌隙，退一步，海阔天空。

6 助人为乐，利人利己

助人为乐是中华民族的传统美德，孔子说，"仁者爱人"，一个具有仁爱之心的人,自然能够站在别人的立场思考问题,以宽容大度的心对待他人。当自己陷入困境时,自然也会有人乐于帮忙。当然,那些乐于助人的人,帮助别人的目的并非希望得到回报,有句名言说得好:"奉献美好是对自己人格的一种升华,而享受美好是对自己灵魂的一种净化。"

但是,在社会上,还有一种说法,认为做善事是有钱人的奢侈品,自己刚刚参加工作,本来没有钱,无力去做善事。关于这个问题,佛经中曾经做过解释。

当年释迦牟尼佛陀在世的时候,一个人跑到他面前哭诉:"我无论做什么事都不能成功,这是为什么?"

佛告诉他:"这是因为你没有学会布施。"

那个人又说:"可我是一个穷光蛋啊!我拿什么东西来布施?"

佛说:"一个人即使没有钱,也可以布施七件东西啊!"

那个人又问:"哪七件东西?"

佛陀说:"第一,颜施,你可以用微笑与别人相处;第二,言施,对别人多说鼓励、安慰、称赞、谦让的话;第三,心施,敞开心扉,诚恳待人;第四,眼施,以善意的眼光去看别人;第五,身施,以行动去帮助别人;第六,座施,乘船坐车时,将自己的座位让给他人;第七,房施,将自己空下来的房子提供给别人休息。"最后,佛陀又解释说:"无论是谁,只要养成了这七种习惯,好运便会如影随形。"

一颗善良的心,一付仁爱的心肠,一种坦直、诚恳、忠厚、宽恕的精神,是人生最为丰富的财产。怀着美好的心情对待别人,虽然没有一文钱可以施舍,但是别人却可以从你的身上感受到善良的光芒。不要吝啬你的笑容,无私地付出,你将获益一生。

爱是一种运动着的情感,它不是静止的。爱是我们生活中一种很特殊的经验,要想拥有它,最佳办法是把它施舍给别人。世界之所以不会冰冷，是因为我们的内心永不消沉；生活之所以充满阳光，是因为我们的身上富于热情。

至于如何助人爱人，从哪些方面入手，将爱的英文写法“LOVE”扩展开来，我们就可以找到答案。

“LOVE”由四个字母组成，每个字母都有各自的代表意义。即：

L：倾听（Listen）。爱他，就要无条件地、没有偏见地倾听他的需求。

O：宽恕（Overlook）。爱他，就要宽恕他的缺点与错误，发现他的优点与好处。

V：支持（Voice）。爱他，就要发自内心地、竭尽全力地支持他。

E：努力（Effort）。爱他，就是不断地努力，花费更多的时间，做出某种牺牲，以显示你对他的兴趣。

帮助别人，要用实际行动去证明，不要只停留在口头上。助人有两种类型，一种是随便帮帮，一种是一帮到底。前一种虽然也是帮助，也能够给人带来好处，但它算不上有力的帮助，因为这种随便的行为在关键时刻很难发挥作用。

后一种帮助才是真正的帮助，是为他人彻底解决实际困难的帮助。我们常用“两肋插刀”来形容朋友之间深厚诚挚的情义，当朋友有难时，我们能够不顾一切地去帮助他，这才是真正的帮助。爱是人类永恒的主题，爱是人类最美的语言，有了爱，世间才有温暖，有了爱，人生才有意义，让我们做一个仁爱之人，把助人为乐当作人生的座右铭，让每个人都生活在一个温暖的大家庭里，幸福快乐！

第五章　换个角度，体悟人生

1　其身正，不令而行

《论语》里有这样一段话："其身正，不令而行；其身不正，虽令不从。"古代圣贤的教诲就像一盏明灯，照亮了我们的人生道路，教会了我们怎样使自己的生活过得充实而快乐。

《弟子规》虽然篇幅不长，但它涵盖了传统文化和圣贤教诲的精髓。《弟子规》总叙中讲："首孝悌，次谨信，泛爱众，而亲仁，有余力，则学文。"就是要求我们要有孝心，有爱心，忠诚守信，尊礼义，知廉耻。

清代名臣曾国藩就是一个以身作则、身体力行的典范。他一生中最感人之处就在于"说了能做，说了便做，不说也做"。他的言传身教，给自己的部下和家人起到了良好的带头作用。

在生活上，曾国藩秉性节俭，每餐只吃一种蔬菜，决不多设菜肴。虽身为将相，但平时衣着俭朴，他 30 岁那年为自己做了一件青缎马褂，但在家时一般不穿，只是遇到特殊场合及新年佳节，才穿一次，这件马褂收藏了近 30 年，还同新的一样。

曾国藩任江南总督时，李鸿章宴请曾夫人和曾家的小姐吃饭，而两姐妹仅有一件绸裤，为这件绸裤，两姐妹争得面红耳赤，哭泣不止。曾国藩听说后，安慰二位女儿说："明年若继续任总督，必为尔添制绸裤一条。"二姐妹闻听此言，高兴地破涕而笑。

曾国藩在任两江总督时，曾巡视扬州一带，扬州盐商特意为他安排盛宴，山珍海味罗列满桌，曾国藩仅就面前所设的几道菜，稍食而已。过后他对属下说："一食千金，吾不忍食，且不忍睹。"

在工作上，曾国藩每日从早至晚，不断工作，从无时间概念。晚年时右眼失明，仍然坚持阅读公文，写诗文和日记。他所写的日记，直到他临终前的一天才停止。

我们应该在一生当中，经常回顾圣贤的教诲，不断温习传统文化，并在适当的时机做到身体力行。这样做会净化我们的思想，规范我们的行为，不断提高我们的道德修养。通过学习中华传统文化，可以帮助我们树立远大的人生目标，以身作则，努力实践，营造幸福的人生。

2　以人为镜，闻过则喜

要想在一个团队中成为受人欢迎的人，首先要勇敢地接受别人的批评，当你被批评的时候，最好的办法是“引以为诫，有则改之，无则加勉”。最糟糕的做法是拒绝批评，与批评人争高论低。因为批评是防止自己滑入错误泥潭的良药，世界上所有伟大的人物都知道批评的重要。

林肯有一次签发了一项命令，调动了某些军队。爱德华·史丹顿不仅拒绝执行林肯的命令，而且还大骂林肯签发这种命令是笨蛋行为。

林肯听到史丹顿的话，很平静地回答说：“如果史丹顿说我是个笨蛋，那我就一定是个笨蛋，因为他几乎从来没有出过错，我得亲自过去看一看。”

林肯去见史丹顿，史丹顿当着林肯的面，毫不留情地指出了他命令中的漏洞，林肯这才发现，自己确实签发了一道错误的命令，于是他急忙收回了这道命令，因此避免了一次重大的失误。

作为一个职场达人，我们应该欢迎这一类有建设性的批评，在与他人交换意见时，如果你是对的，就要试着以温和礼貌的态度，有技巧地说服对方；如果你确实错了，就要勇敢而热诚地承认错误并加以改正。但是，人们往往在面对批评时缺少接受的勇气，甚至本能地找出很多借口，为自己辩护。

我们每个人都希望听到别人的赞美，不喜欢接受批评，当然更不管这些批评或这些赞美是不是正确的。

我们人类是一种感性动物，我们的逻辑就像一只小小的独木舟，在又深又黑、风浪巨大的情感海洋中漂泊。但是，一个要发誓成功的人，必须克服这种与生俱来的弱点，以客观、求实的眼光去看待问题、解决问题。所以说，一个人有了缺点和毛病并不可怕，可怕的是讳疾忌医，以致“小病”酿成“大病”，甚至病入膏肓，无力自拔。

良药苦口利于病，忠言逆耳利于行。只有经常开展批评和自我批评，才能不断地提高自我，完善自我。

敢于亮丑，严于解剖自己，是自我觉悟的表现，在工作中，得到领导和周围同事的赞许固然值得高兴；如果别人实事求是地指出自己的缺点和错误，也要泰然接受，把这种善意的批评当成关心和帮助。

一个公司的领导曾对他的众多下属说：“当我批评你的时候，请你不要把我看成你的敌人，因为我批评你，是觉得你可救，我是在告诉你治愈疾病的方法，如果你觉得自己没有做错，那么就把我对你的批评当作是对你的忠告吧，如果你觉得自己做错了，就会更加感谢我对你的帮助，因为我在帮你认识和提升你自己。”

客观的批评可以让我们进步，错误的批评也可以磨炼我们的自控能力，所以坦然面对批评，是人际交往的重要一步。我们不妨把别人的批评当作一次对于自己的挑战，当我们勇敢接受并努力改正时，就足以证明我们又向成功迈进了一大步。

玉不琢不成器，希望每个人都把“批评”当作一种激励、一种动力。无论是员工还是老板，都要具有虚心纳谏的胸怀，善待批评，将批评视为医病的良药、灌顶的醍醐，只有这样才能促进职业生涯不断向前发展。

3　坚持理想，勇者无敌

人生需要勇气，需要一种积极向上的生活态度。只有具备了无畏的勇气，才会从“自我”的小天地里破茧而出。正如歌德所说：“卑怯的人叹息、沉吟，而勇者却向着光明抬起他们纯洁的眼睛。”

生活中不如意事十有八九，谁也不要期待自己成为“常胜将军”。所以，在顺境时，要提醒自己时刻保持清醒的头脑，在逆境时，也要保持一种从失败中站起来的勇气和力量。

这种勇气不是一时的匹夫之勇，更不是三分钟热情的冲动，它是一种内在智慧的综合体现。勇气也需要在大智慧的统摄之下，有勇无谋、有勇无德、有勇无信都不是我们所提倡的。

任何事情都有其自然的发展规律，勇气不是一味用强。比如说某人比自己先进入公司，他有可能在某些方面占了优势，面对这种情况，不服气并不能解决问题，嫉妒和气愤也只能让自己的情绪更加低落。这个时候，心平气和，正确认同环境和位置，才是最明智的选择，这一点也是衡量一个人心胸是否宽广的重要标志。

我们不是完人，难免有这样那样的缺点，但不妨碍我们找到通向成功和幸福的道路。我们要有勇气接受别人的成功，要有勇气正视自己的不足，要有勇气用豁达的心情面对工作，更有勇气面对丰富多彩的物质世界。

人要有坚持长期目标的勇气，在挫折中不断磨砺自己，如果生活当中出现巨大的变化，比如人到中年面临下岗，退伍军人第二次择业，我们都要有勇气坚持人生最初的选择。

人生的每一步都要用勇气作为注脚。我们要记住一句话：“努力不一定成功，放弃却一定失败！”

4　放低姿态：水利万物而不争

无论是在官场还是在职场或商场，放低姿态，都是一种看似平淡，实则高深的处世谋略，是一种进可攻、退可守的有利姿态。反之，若取一种高高在上的姿态，一脸得意忘形的表情，一副颐指气使的神态，一派专横跋扈的气势……这样的人谁会愿意与你相处？如果以这种傲慢的姿态来对待别人，迟早都会陷入失败的泥潭。

社会的门槛虽然有高有低，但是有一句老话却是至理名言，人常说：“谦卑处世人常在。”老子有一句名言，叫做“水利万物而不争”，我们在生活中，须臾离不开水的滋养，但是，水却从来都是往低处流的。

在举世闻名的秦始皇陵兵马俑博物馆中，出现了一个有趣的现象，在兵马俑坑中，至今已经出土各种陶俑1000多尊，这些陶俑皆有不同程度的损坏，只有一尊跪射俑保存得最为完整，仔细观察，就连衣纹、发丝都清晰可见，所以，这尊跪射俑被称为“镇馆之宝”。

跪射俑为什么能够保存得如此完整？这得益于它的低姿态，首先，普通立姿兵马俑的身高都在1.8米至1.97米之间，而跪射俑的身高只有1.2米，俗话说：“天塌下来有高个子顶着。”兵马俑坑都是地下坑道式土木结构建筑，当棚顶塌陷、土木落下的时候，高大的立姿俑首当其冲，被土木砸坏，而低姿的跪射俑受损害的程度则大大降低。其次，跪射俑作蹲跪姿，右膝、右足、左足三个支点呈等腰三角形支撑着上体，重心在下，增强了稳定性，与两足站立的立姿俑相比，就不容易倾倒、破碎。因此，在经历了两千多年的岁月洗礼之后，依然完整地呈现在世人面前。

初涉世事的年轻人，都喜欢张扬个性，率性而为，结果却是处处碰壁。而涉世渐深后，就能知道学会内敛，少出风头，不争闲气，专心做事的重要性。要像跪射俑那样，保持生命的低姿态，避开无谓的纷争，避开意外的伤害，更好地保全自已，发展自已，成就自已。

当今社会变幻莫测，人际关系错综复杂。因此，在漫长的人生跋涉中，应该时时学习水的姿态，懂得低调做人也是一种大智慧。

但要注意的是，低调做人绝不等同于妄自菲薄，自轻自贱，学会低调做人，主要意味着谦虚、谨慎，懂得迂回婉转。

雷墨曾经说过：“低头是需要勇气的。”但在很多时候，有些人明知争论到底也不会收获什么实际的结果，但是，就是因为咽不下一口气，非要像斗鸡那样，拼个你死我活不可。

我们知道，在人生的道路上，很多时候都需要有着坚持的毅力，但是，坚持的首要条件是方向正确，如果方向是错误的，就会造成南辕北辙的后果。

在现实生活中，我们需要常常保持一种低姿态，就像跪射俑那样，不张扬、不狂妄，时刻保持生命的低姿态，这样不仅能够避开很多无谓的纷争、意外的伤害，还可以更好地保全自己，发展自己，成就自己。

老子说："柔弱胜坚强，无为胜有为。"学会在适当的时候，保持适当的低姿态，绝不意味着懦弱和畏缩，它是一种聪明的处世之道。

5 做一个懂得欣赏别人优点的人

我们生活在一个丰富多彩的世界中，这个美丽的世界，是由许许多多风景、形形色色的人构成的。一个人在漫长的人生旅途中总会遇到很多人，于是，与不同类型的人相处，学会欣赏不同性格人的不同魅力，就成了我们生活中一门不可或缺的学问。

在这个世界上，人分三六九等，既有人人称赞的好人，也有像"过街老鼠"一样的坏人；既有冰雪聪明的人，也有极其愚钝的人；既有心直口快的老实人，也有口是心非的狡猾人。其实，任何一种人的存在，都有其合理性。我们要学会心平气和地看待周围的人和事，对于别人的优点，我们要学会欣赏；对于别人的缺点，我们要学会包容。如果你在任何时候，都能用一种欣赏的眼光看待世界，用一种平常的心态去欣赏别人，你就会感到自己活得很充实，心胸也会因此变得非常坦然。

当你用一种平常心对待朋友的时候，彼此都没有任何压力，你们可以随意地交往，心也会一点点地靠近。真正的朋友也会在你的欣赏中越来越多，你的世界也会因此变得非常广阔。

无论何时何地，学会欣赏别人，你就懂得了收获快乐的方式，懂得欣赏别人，你的心中便会充满阳光。在欣赏别人的同时，也得到了一种人生的享受，这种享受不是别人的，而是自己的。

张丽和汪小蒙是大学同学，两个人毕业之后，分在同一家公司，两个人合租了一套房子。星期天的时候，两个人总是一起上班，一起回家，一起去逛街，总之，她们两个人，每天在生活中遇到的情景都差不多。可是，两个人的心情却有天壤之别，张丽总是气鼓鼓的，看什么都不顺眼，而汪小蒙却整天乐呵呵的，像个快乐的天使。

有一次，一个同学从外地来北京看望她们，在吃饭的时候，谈到了各自工作后的感受。张丽说老板长得那么胖，那张脸看上去像个猪头，真是让人恶心！

汪小蒙接过话题说："没有啊，我们的老板虽然长得胖胖的，但是人很慈祥，心地也好，玉树地震的时候他给灾区捐了很多钱，我好感动啊！"

张丽说："小蒙你怎么总是替老板说好话？就算老板很善良，可他为什么给我们选了那么讨厌的一个主管来监视我们？上个星期，你还不是因为使用QQ，被主管扣了50元工资吗？"

汪小蒙说："那件事本来就是我的错，主管扣我的工资，也是他的职责所在，我怎么会因此怀恨他呢？再说，我们主管人也很好啊，昨天下雨，他还把自己的雨伞借给我用呢！"

她们的同学听了两个人的争论之后，说道："难怪汪小蒙的气色这么好，原来，她心里想的都是别人的好处，可是，张丽的脸色却这么暗，我还以为你生病了，原来，你处处想着别人的不好，心情怎么能快乐起来呢？"

诚然，金无足赤，人无完人。我们的生活中，没有一点缺点都没有的完人，当然，世上也找不到从来都没有犯过错误的人。我们不能要求别人怎样，但是，我们却可以改正自己的内心。学会多从好的方面思考，学会多视角地看待事物，学会欣赏别人的优点，学会赞美别人的长处，常对我们这个世界心怀感恩，你的人生就会进入一种全新的境界。

第六章　宽容别人，善待自己

1　当你发怒的时候，先让自己停下来

在生活中，愤怒的情绪总会不由自主地冒出来：夫妻间吵架拌嘴，上司痛骂下属，员工几个人小聚的时候骂老板，孩子顶撞父母时，火冒三丈的父母将孩子一顿痛打，开车走在路上，遇到行人不守交通规则，横穿马路，坐在车里的人一边狂按喇叭一边破口大骂……

我们以上说的这些，只是众生相中的沧海一粟。如果有人在你完全不知情的情况下，在你的办公室里安装一个录像机，把你每天的情景都忠实地记录下来的话，当你回放录像带子的时候，你会被自己吓一跳，你会发现，原来自己发怒的时候，脸上的表情竟然如此狰狞。

日本科学家江本胜曾经写过一本书——《水知道答案》，书中展示了122幅令世界震惊的照片，通过显微镜观察发现，原来，每一个水滴都是有感情的。当你在一个杯子上写下"爱"、"感谢"等美好的词汇时，将这杯水放在显微镜下观察，这个时候，你会看到，被贴上了"爱"和"感谢"等字条的水中，呈现出完整美丽的六角形结晶。

科学家在另外一个杯子上写下"浑蛋"一词，过了一会儿，再来观察这杯水，水中的形态非常丑陋，几乎不能形成结晶。再给一杯水听古典音乐，听过古典音乐的水结晶形体优美，风姿各异，听过重金属音乐的水结晶则歪曲散乱……

从人体的构成来看，水占人体的70%，如果我们不能控制自己的情绪，"混账"、"笨蛋"等词汇经常从嘴里喷涌而出，这些词汇对于身体健康的负面影响可想而知。人爱发脾气，最直接的受害者就是我们自己，另外还有我们周围的人。人发一次脾气，就像是自然界刮过一场台风，那种破坏力是无法估量的。

曾经跟一位心理学教授聊天，提起了“愤怒”的状态。她说，愤怒往往不是我们在某种刺激下，首先反映出来的情绪，你可以试着体会一下，愤怒的情绪通常会出现在伤心、失望、难为情、受屈辱、被拒绝或者尴尬不安等感受之后。

美国的盖瑞·查普曼博士也提到，愤怒的情绪来自于那些让我们感到不公平的事。一位心理学家研究奥运会运动员的心理之后发现，愤怒和好斗实际上是与失败情绪相联系的，发脾气并不能宣泄情绪，相反，只能让人更加恼火。由此说来，愤怒是一种正常的生理反应，本身并不邪恶，而真正危险的是那些由愤怒转化成的一系列非理智行动。

从电视里曾看到一条新闻：

> 一个19岁的男孩，在上公交车的时候，仅仅因为该从前门上车还是该从后门上车的问题，跟司机发生了口角，在愤怒情绪的支配下，他随手抄起路边冷饮摊的酸奶瓶砸向汽车司机，使得司机受伤。后来，男孩被以“寻衅滋事”的罪名起诉，电视里，男孩不停地抹着眼泪，后悔自己不该因为愤怒做出蠢事。可是，尽管他十分后悔，但他也必须对这件事情的后果负责。

我们无法控制自己的生理反应，但是可以控制自己的思想和行为。你可以在以下情境中，找到自己的影子：每次回父母家吃饭，总要担心他们会在某件事情上对你指手画脚，你的发型新潮，你的衣着太另类，你工作不够努力，你应该尽快结婚，然后要个孩子，等等……这个时候，你虽然嘴上并没有直接跟父母顶撞，心里早已不耐烦了。

你的女朋友样样都好，除了她那爱迟到的臭毛病总是改不掉。每次约好了时间，你总是习惯提前5分钟到达，然后就开始望眼欲穿地等待，1小时之后，她才踩着高跟鞋款款走来。每次经过了这样的等待之后，都会让你情绪低落，迟迟进入不了状态。

周末你赶去公司加班，出门前给老公布置了几项“作业”：攒了一周的衣服，要分批塞进洗衣机里；冰箱空了，该去超市采购下周的食品；笔记本电脑染了病毒,需要重新装一下系统……

结果到了晚上,你加班已经累得半死,一进家门,却发现脏衣服还堆在那里,冰箱里依然空空荡荡,电脑仍然无法开机。于是,你情不自禁地开始发飙,大骂老公。很多时候,我们就是这样被别人的过错激怒的。遇到类似情况,应该怎样理智地处理呢?

查普曼博士总结了以下几个步骤:

第一,明确告诉自己:我生气了。当愤怒来临时,我们往往还没弄清楚发生了什么,不该说的话早以脱口而出,不该做的事也已经发生了。所以,向自己承认"我生气了",大声说:"这件事让我很生气,现在我该怎么办?"告诉自己也告诉对方。这样做,会为你赢得处理愤怒情绪的时间。

第二,克制自己,不要马上说什么或者做什么。克制冲动并不意味着积累愤怒,而是让你在感到愤怒的时候先冷静一下。

第三,你需要找出愤怒的焦点是什么,愤怒从何而来,那个惹你生气的家伙到底做错了什么事,问题究竟有多严重。

第四,进行选择性分析。在通常的情况下,我们能做出的最好反应,就是承认自己受了委屈,并承认再与那个伤害自己的人争论下去也无济于事,于是决定接受这个事实,拒绝让已经发生的事情侵蚀自己的幸福感——某些时候,这就是处理愤怒的最佳方法。

你可以把自己的想法和感受坦白地讲出来,这样做的目的不是谴责,而是要修复彼此的关系。请对方和你一起努力,找到解决问题的方法。所以当我们要愤怒的时候,先让我们静下心来。久而久之,你会发现一个全新的自己。

2　向圣贤学习:不迁怒不贰过

孔子有一个非常得意的学生叫颜回,可惜颜回只活到 29 岁就英年早逝了。孔子看到爱徒离开人世，哭得非常伤心。

鲁哀公问孔子："在你的学生当中，谁是最好学的人？"

孔子回答说："在我的学生里，只有颜回最好学，他从不把脾气发泄到别人的身上，也不会两次犯同一个错误。但是，他不幸早死，现在没有像颜回那样好学的人了。"

由此可见，知错能改，不重复犯同样的错误，这个标准看起来似乎很平常，但是操作起来却非常不容易。在当代社会里，知错能改也是一种难能可贵的品质。

有一家彩电厂，生产的产品是国家名牌。有一次，一位用户给厂家来信说："我们全家正在看电视，突然在荧光屏上出现一道白烟，随即图像消失了。"

工厂经检查发现，问题发生在进口的滤波电容器上。销售处的同志算了一笔账，一年共卖出电视机 8 万台，其中有 40 台出了毛病，返修率不过万分之五，远远低于国家规定的标准。

可是，企业的领导却不这样认为，他说，产品质量问题，从工厂的角度看，只不过是万分之五，可是，这个问题对于客户来说，却是百分之百。于是，他决定把卖出的 8 万台电视全部召回，为所有的用户换下滤波电容器。

但是，这 8 万台电视机已经销到全国 28 个省、市、自治区，想挨个换下电容器谈何容易！有人主张找上门的给修，没找上门的就算了。厂长不同意，他组织该厂在全国的 126 个维修点负责在当地报刊电台上登广告，请买了这批电视机的顾客一律到维修点，免费更换电容器。最后经过核算，厂里拿出 100 万元，作为修理这批电视机的费用。表面上看，他们在经济上受到了一定的损失，但却赢得了对用户负责、质量第一的好名声，从而赢得了更高的信誉。

关于承认错误的态度，很多人有着不同的看法，也有人认为，要自己承认自己的错误是一件丢人的事,特别是那些高高在上、身份显赫的人,他们可能觉得承认错误有损于他们的尊严。

对于认识错误的态度,我们可以回顾历史,看看唐太宗是怎样成为一代明君的。

开始的时候,唐太宗也对别人的责备很是恼怒,特别是他的大臣魏征,经常当着满朝文武的面和他辩论。唐太宗说不过魏征,就拉下脸来,但魏征对他的脸色变化视而不见,继续据理力争,经常弄得唐太宗下不了台。

有一次,两人各不相让,在早朝上为一件事争得面红耳赤。唐太宗为了维护自己的形象,没有当场发作。退朝后,回到内殿,气冲冲地破口大骂,还说要找个机会,杀了魏征。此话正好被长孙皇后听到,便问他因何事恼怒,待唐太宗说明原因后,长孙皇后不动声色地回到寝室,换了一套正式朝觐时穿的衣服,一出来就对唐太宗行了跪拜大礼。

唐太宗见状,不知她葫芦里卖的什么药,便问她怎么回事。

长孙皇后说道:“我听说,只有在英明天子的统治下,才会有正直无畏的大臣。魏征直言不讳,不正说明了皇上的英明吗?”

长孙皇后的一番话,让唐太宗如梦初醒,从此以后,唐太宗非但没有嫉恨魏征,反而勉励大臣们要多向魏征学习,多给自己提意见,揭自己的短。

唐太宗为了使自己成为一代明君,敢于认错,广纳谏言,但他并没有因为承认错误而损害自己的威信,相反,他却因此成为流芳百世的旷世明君。唐太宗这样位高权重的帝王都能虚心检讨自己,当我们有了错误的时候,为什么不能勇于承认,反而还要迁怒于别人呢?

人生在世,难免会有对不起别人的地方,遇到这种情况,有些人往往不愿道歉,怕丢面子,怕以后抬不起头来。如果这样坚持错误,又时常会感到内心不安,甚至有点惶恐。为什么会这样呢?因为总有一种内疚的心情在心中纠结。与其让内疚的情绪在自己的心里纠结，何不真诚地道一声“对不起”呢？

真正的道歉不只是认错而已，它是要你承认你的言行破坏了彼此的关系，而你对这种关系十分在乎，所以希望重归于好。承认自己不对，心理会很难受，脸上挂不住，做起来更不容易。不过你一旦决心面对现实，不再倔强，便会发现，认错对于消除宿怨、恢复感情确有奇效。

有时，我们迟迟不愿道歉，是因为怕碰钉子，碰了钉子就会没面子了。这种令人难堪的可能是有的，遇到这种情况，不要遮遮掩掩，而是要勇敢地向朋友道歉，如果自己错了，不仅要真诚地承认，而且还要杜绝重复自己的错误。如果能让自己做到这些，就说明你的人格修养已经接近圣贤的高度了。

3　要想批评别人，先应管好自己

欲成大事者，先要修正自己的行为。作为一个管理者不仅要约束别人，首先还要管好自己。一个能够进行自我管理的人，才是一个成熟的、负责任的管理者。

在英国警界服务30多年的尼格尔·柏加先生，在日内瓦举行的一次国际退役警员协会周年大会上，荣获“世界最诚实警察”的美誉。

尼格尔·柏加是一个恪守职业道德的警察，有一次，他到风景如画的度假区休假，在开车的时候，突然发现自己在限速30公里的区域内超速了，当时没有其他警员在场，自然无人抄牌，他把车停在路旁，走下车来，给自己写了一张传票。当他驶抵市区之后，立刻把这件事报告交通当局。

主管违例驾车案件的法官看到了这张写给自己的传票，大受感动，他说："我当了这么多年的法官，从未遇到过这样的案件。"尼格尔虽然被法官判罚25英镑，但是这件事情却在司法界传为美谈。

无论是在工作上还是在生活中，尼格尔时刻秉承一个信条，作为警察，要管理社会秩序，首先必须管好自己。有一次，他和母亲在公园散步，母亲随手摘了一枝花放在帽子上作为装饰，母亲的这个动作被尼格尔发现了，然后，他马上给母亲敬了一个礼，然后毫不留情地把母亲控告了。

不过，当罚单下来之后，他立刻替母亲交付了那笔罚款。他解释说："她是我母亲，我爱她，但她的行为触犯了法律，我有责任像控告任何违法的人那样对待她。"

这个警察的行为说明了一个道理："打铁还需自身硬。"一个忠于自己职责的人，在严格要求别人的同时，首先要管好自己。

如果你是一个公司里的中层管理者，负责一个分公司的运营。你的职责就是督导员工不要迟到早退，但是，如果你认为在这"一亩三分地"之内当老大，没有人敢来管你，于是经常来晚，没等下班就出去约朋友喝酒。这样的话，公司纪律一定很散乱，如果哪天总公司要求加强纪律，你也要求员工不要迟到，可是，早上一进办公室，已经过了9点，工位上还没有几个人。就算你给大家开会，强调每个人都不许迟到，可是大家会依然如故。

你对大家发脾气，人家也会不服气地说："就知道说别人，连自己都管不好！"

因此，无论是普通员工还是中层管理者或者是老板，都要管好自己。在开口批评别人之前，首先想想自己是怎么做的，如果你的行为还不如别人，那你有什么资格去批评别人呢？只不过是"五十步笑百步"罢了。人欲正人，先要正己，在准备批评别人之前，首先改正自己的缺点，不然就算你喊破喉咙也没有人肯听你的话。

有一次，听一个在工厂里负责人力资源的朋友聊天，他说，工厂里有一个非常有趣的现象，在一个班组里，如果班组长经常违反工厂纪律，这个班组里下属员工的违纪次数就会更多。这种现象说明了一个道理：管理者的一言一行，对员工起到潜移默化的作用。如果管理者不注重自身言行，放任自己的惰性，不遵守厂规，作风散漫，那么你的威信就会大打折扣，一定会导致员工不负责任，彼此扯皮，管理混乱，正所谓“有什么样的将军就能带出什么样的兵”。

相反，如果管理者一身正气，言行一致，善于为员工办实事，就会得到员工的信任与拥护，这样的班组定会井然有序。管好自己才能管好别人，无私才能无畏，无畏才能扬威。榜样的力量是无穷的，只有具备自制力，主动管理好自己的人，才能很好地控制其他的人。成功者无不懂得这个道理。

4　不做职场中的“祥林嫂”

鲁迅的小说中有一个经典的人物——祥林嫂，她的孩子被狼叼走了，她整天不停地唠叨着同一句话：“我真傻，不知道冬天雪地里也有狼……”

在职场中，我们也经常能听到一些唠叨，抱怨的内容虽然不尽相同，但是，反映出来的心理情绪却是与祥林嫂那么的相似。

近日，一份关于职场人抱怨状况的调查报告显示，近九成职场人每天都会发出不同的抱怨。专家指出，过多的抱怨会给人们的身心带来消极的影响，也会给别人留下消极的印象。

祥林嫂一味向人诉苦，希望从旁人的同情声中寻求精神慰藉，然而最终落得个非常悲惨的下场。

在职场中，普遍来看，爱唠叨的人心理比较脆弱，期望得到别人的关注和帮助。如果别人无意中帮你一次，也是极为正常的事，但我们不可把别人的帮助当成一种指望，尤其不要把任何一种帮助当成习惯，比如，公司里有人肯帮自己写材料，可是，有一份非常重要的讲话稿要写的时候，他却突然生病,指望不上了。这个时候,你对别人的指望越大,烦恼也就越大。

职场专家认为,工作占据了职场人每天大部分的时间,而日常工作中也常常充满矛盾,这一些问题都需要职场人凭借自己的能力和努力去加以解决。在解决这些问题的过程中,一旦无法做到内心平衡,抱怨之言就会随口而出,当这种矛盾积累到无法排遣的程度,职场人会发现自己真的成了"祥林嫂"。

职场"祥林嫂",并不单指女性,但是在这一群体中,以女性居多,他们的特点是服装色调单一,以黑灰蓝为主;看起来似乎少年老成,饱尝人世沧桑,眉头总是拧着。在他们眼中,公司的一切待遇都是不公平的,公司的一切领导都是讨厌透顶的,所有的同事都那么愚蠢而虚伪。每当旁人问到他的近况,总是习惯地回答:"不太好。"他们在别人与他谈话的时候,总是喜欢打断别人,来一句:"你听我说。"他们从不吝啬使用尖酸刻薄的词语来指责他人,牢骚满腹、怒气冲天,是他们最为显著的特征。

小王是一个公司的市场部经理,在他的公司里,就有这么一位女同事。有一天上班的时候,小王看到那个同事腿上破了一小块皮,小王关心地问了一句:"你的腿怎么弄破了?"

他没有想到,这一句话却捅了马蜂窝,这位同事就从早晨怎么挤公交车,怎么摔倒开始讲起,从北京拥堵的交通状况一直谈到医疗保险,唠唠叨叨地抱怨个没完。小王上午约了客户要去见面,可是这个同事说个没完,如果扔下她就走,会显得没有礼貌,小王焦急地一直看手表,希望她打住,她好像全无知觉。

最后,小王不得不求饶:"等我回来再说,我先出去一下!"

她却不冷不热地来了一句:"我就知道,跟你说也没用,你也不是真有同情心的人!"

像小王的这个同事,就是一个很典型的"祥林嫂",这种人爱挑剔,心中怨气冲天,总认为自己"心比天高,命比纸薄"。

拯救自己的方法,就是努力在工作和生活中寻找能让自己高兴的事,在开口唠叨、向人诉苦之前，首先要提醒自己，这样做是否真有作用。如果你心中的情绪实在找不到宣泄的出口，那么就试着把你心理的抱怨记录下来，锁在抽屉里。也许明天，当你打开抽屉的时候，会发现昨天你写下来的让你生气的事情是那么的不值得。

即使你在工作中受到了这样或那样的委屈，你也要咬紧牙关挺住，绝不抱怨，绝不诉苦，更不要以为你靠在上司的肩上哭泣，这个事情就会得到圆满的解决。在职场当中，像祥林嫂那样唠唠叨叨，不仅不能让自己的心灵得到放松，相反，会让自己的心灵充满毒素，这实在是一种虐待自己的方式。向人诉苦，指望别人同情，这是最靠不住的期待，只有自己才是拯救自己的上帝。我们每个生活在职场中的人，心中始终要有一个清醒的认识，把唠叨的时间用在工作上，绝不做职场中的祥林嫂。

你必须把自己锻炼成暴风雨中的海燕，就像美国历史上第二位女国务卿，也是第二位黑人国务卿赖斯那样，无论面对任何处境，你的生活都会充满阳光。

5　远离在职场中搬弄是非的小人

“搬弄是非”是公司里比较常见的一种现象，这种人经常会跟张三做出非常亲密的样子，说李四的坏话。可是，没过多久，李四被提升为中层领导，他又会马上找到李四，说张三以前对李四有多么仇视。

“搬弄是非”是职场职业道德缺失的一种表现，也是人际关系中的一种顽疾，它在人际交往中，导致了许多错综复杂的纷争。比如，人与人之间的互不信任、彼此敌对等等。用著名学者德萨尼的话说，搬弄是非的意思就是：“将说话人、被谈论对象或者其他任何一个人认为将其公开会给当事人带来损害的机密泄露给与此毫不相干的人。”

因此，不论是以口头、书面或者暗示泄密都属于“搬弄是非”的范畴，搬弄是非的做法会让我们时时感觉到生活中处处充满危险的陷阱，谁和谁吵架了，谁和谁离婚了，谁又升职了，谁又解雇了，老板跟他的女秘书关系暧昧！这些办公室的闲话满天飞，无中生有，把自己编排出来的故事讲给领导，为的就是把别人踩下去，使自己占到便宜。

方琪从小就是一个争强好胜的女孩，周围只要有人超过她，她的心里就不舒服，千方百计把别人压下去才甘心。在公司里，竞争非常激烈，她总是主动出击，先搞定老板，与他保持密切的交往，然后，借着跟老板谈话的机会，在老板面前搬弄是非，借助老板的力量打压其他同事。

几年下来，方琪在公司里的地位不断上升，可是，跟她在同一个公司里的人都觉得压力很大。方琪虽然在职场中青云直上，但她自己活得比任何人都累，因为她时刻都在担心，自己跟老板说的那些话被老板无意中泄漏给她的对手，而且还要时刻警惕背后有人向自己捅刀子。

于是，她整天在心里不断地揣摩："为什么××总是和我作对？这家伙真让人烦！

"××最近总是和我抬杠，难道背后有什么人给他撑腰吗？"

要知道，人生总是有一种不变的循环规律，如果你总是用"搬弄是非"这把"软刀子"伤人，自己也一定会受到流言蜚语的伤害。

要知道，如果你非常热衷于搬弄是非，传播一些挑拨离间的流言，就会让单位里的其他同事对你产生一种避之唯恐不及的感觉。

如果一个人在公司里混到了这个地步，自己的日子也不会太好过，最后还是搬起石头砸了自己的脚。

身在职场，难免会遇到喜欢搬弄是非的小人，当职场内部因为小人的缘故而流言四起时，聪明人就应该学会如何与小人相处：对于那些喜欢传播流言的小人，既不能和他们沆瀣一气，也不能对他们横眉冷对。最好的办法就是使双方的关系既不太远，也不太近，既不刻意讨好，也不过于苛刻，只有这样，才能避免来自小人的伤害。

第七章　摒除空想，努力实践

1　珍惜自己现在的工作

很多初入职场的年轻人总是不安心自己当前的工作,这山望着那山高,上班之后,不是踏踏实实地做好自己手上的工作,而是像天女散花一样,四处乱投简历,总认为下一个工作一定比这个更好……

其实,这样不安心做好目前工作的人,就算再换一百种工作也不会取得成功,因为你的毛病并不是出在工作上,而是你的内心出了问题。没有一颗感恩的心,忘记了自己当初毕业时,是老板给了你这个难得的工作机会,使你在工作当中得到锻炼,不断成长。不懂得感恩工作的人,就不会珍惜自己的工作,也不会在意他的老板和同事。

懂得感恩的人,从不把现有的一切认为理所当然,认为是工作给了自己成长的机会,他们在工作当中处处主动积极、团结敬业,带着一种极大的热情去实现自己的人生梦想。

作为一名员工,我们要感谢自己的工作,它不仅给了我们生存的物质基础,还为我们提供了展现人生价值的舞台,使我们的人生阅历变得丰富,让我们的人格得以提升。

对于老板或领导,我们要心怀感恩,没有他们的支持和信任,我们的努力最终都会功亏一篑,是领导给了我们崭露头角的机会,使我们在工作中得以施展才华。

对于同事,我们要心怀感恩,个人的力量是渺小的,在激烈的竞争中胜出,还要依靠团队的力量,有了大家的共同奋斗,才会创造辉煌的职业成绩。

也许有人说自己的工作是平淡乏味的,也许你感到自己的工作是繁重劳累的,但是只要你珍惜自己现在的工作,带着快乐的情绪去上班,那么,你就可以在工作当中体会到人生的快乐和精彩。

每一份工作都无法尽善尽美，但每一份工作中都含有许多宝贵的经验和资源，如失败的经验、自我成长的喜悦、温馨的工作环境、值得感谢的客户等，如果你在工作中，始终牢记“拥有一份工作，就要懂得感恩”的道理，你一定会收获很多。

每个人都在自己平凡的岗位上，做着平凡而又不可或缺的工作，虽不耀眼但却长久。无论我们从事何种工作，身处何种环境，如果怀着非常珍惜的心情，把每天的工作干好，你就会得到一种相当难得的人生体会。

带着这样的心情，开始每天的工作，全心全意完成领导分派的任务，努力为企业增加效益，而不去计较个人一时的得失。你的工作会因为你的情绪的改变而变得非常精彩。因为，你是在用自己的实际行动告诉老板，告诉同事，你尊重他们，热爱他们。懂得尊重别人，懂得珍惜工作。这种深具创意的感谢方式一定会让大家注意到你，甚至可能让老板重用你，提拔你。

要知道，在一个团队里，感恩是一种会传染的好情绪，你这样做的结果，会让老板感动，也用一种感恩的态度来向你表达他的谢意，感谢你所提供的服务。

让我们感谢我们的企业，让我们珍惜现在的这份工作。因为有了企业，我们才有了工作的机会，才有了展示自我的平台，使我们得到了培训和锻炼，掌握了新知识，学习了新本领，为我们解决了衣食住行。有了这样的机会和舞台，难道还不应该心存感激、万分珍惜吗？

懂得热爱工作的意义是重大的，因为只有懂得珍惜的人，才能知道付出的意义。

2　有效利用零散时间

对于时间的利用，伊利集团总裁潘刚说过一句非常经典的名言：“最奢侈的不是金钱的消费，而是时间。”随着社会的不断发展，科学的日益兴盛，人类对于时间的控制也越来越精确，现代人计量时间的单位由时、刻、分、秒，逐步精确到毫秒、微秒。

但是，也有很多不懂得珍惜时间的人，白白浪费了很多宝贵的零散时间。所谓零散时间，主要是指工作的间歇、用餐时间、上下班时间等。在零散时间里，基本上无法做什么重要的事情。

富兰克林有一句名言：“时间是构成生命的材料。”谁了解生命的重要，谁就能真正懂得时间的价值。我们最宝贵的不过是几十年的生命，而生命是由一分一秒的时间累积起来的。让时间浪费，是对自己生命的犯罪，因为生命中的每一分钟都是永远无法再生的财富。

古往今来，一切有成就的学问家，都是善于利用零散时间的高手，东汉学者董遇，幼时双亲去世，但他好学不倦，利用一切可以利用的时间。他曾经说：“我是利用‘三余’来学习的。”“三余”，即“冬者岁之余，夜者日之余，阴雨者晴之余”。也就是说在冬闲、晚上、阴雨天不能外出劳作的时候，他都用来学习，这样日积月累，终有所成。

每天都有大量的零碎时间被我们在不知不觉当中浪费了，如果利用零碎时间完成自己认定的目标，那么，我们无论做任何事，都不会发愁不能成功。

通常，那些在工作中时常感到无聊的人，或者在职场中遭遇挫折的人，总是感觉有很多时间需要消磨。如果你的电脑正在检查病毒，如果你正在等待一个客户的电话，你完全可以利用这一点时间清理一下你的案头，只要用几分钟零散的时间，就可以让你的桌案变得清清爽爽。如果是20分钟，可以写一下今天的工作日程表，或者工作流程日记。

举一个非常简单的例子，一般的企业都把中午的休息时间定在上午十二点钟到下午两点钟，这期间要用餐和休息。但是，这期间所有的食堂里都挤满了人，让别人先去吃饭，然后自己在别人差不多吃完的时候再去吃饭。这样一来几乎不用等，就能吃到饭。还可以把这一段等待的时间用来处理一下你那已经被垃圾邮件挤得满满的邮箱。

发扬“钉子”精神，有效利用零散时间，一定可以大大地提高工作效率。有一句古老的谚语说：“事情就怕加起来。”对于时间的态度更是如此。世界上所有在事业上有成就的人，几乎都是利用时间的高手。

在我们日常的工作当中，浪费时间的情况是司空见惯的，只要老板没有发现，就偷偷地在淘宝网上购物，在开心网上养牛种菜，浪费十几分钟甚至半个小时。要知道，这一点时间在我们看来也许不算什么，但是，如果放在运动场上，十分之一秒或百分之一的时间差，都可以决定谁是世界纪录的创造者。

在航海中，使用 6 分仪的海员，1 秒钟的差错，将使他的观测相差 1/4 英里。人造卫星每秒钟飞行 11.2 公里，电子计算机每秒钟可以运行百万次、千万次、上亿次、几十亿次。高能物理实验，要求高能探测器在千分之一毫秒内精确地记录下高能带电粒子的径迹。

对于现代科学来说，“争分夺秒”已经不够了，对时间计算得越精细，事情就做得越完美，如果在学习和工作当中，对待时间的掌控以分为单位，把那些看起来微不足道的零碎时间充分利用起来，就会让你在工作、学习当中占尽先机。

在外出时，也会有很多零散的时间——不管我们是在外面娱乐还是工作，总有些时间耗费在排队、等车上面。如果在你的包里放一本与工作业务有关的书，利用这点时间学一学专业知识，总比你在无聊中不停地抖腿，或者不断地看手表更有意义，如果你在银行长时间地等待，可以用这些时间来规划一下你的购物计划，免得自己在冲动时买了不必要的东西。

聚沙成塔，如果能在工作和生活中发扬“钉子”精神，我们就可以有效地延长自己生命的长度。

3 与其临渊羡鱼，不如退而结网

《汉书·董仲舒传》中有这样一句话："临渊羡鱼，不如退而结网。"这句话一直流传至今，意在告诫人们，如果我们想要打鱼，可是手中没有渔网是不行的，在目的与手段之间，有明确的目的固然重要，但如果没有实现这一目的的必要手段，也是无法实现目标的。

在这里，"退"的意思就是在一定的条件下，有必要把目的暂时搁置起来，先去努力解决手段的问题。就像我们要过河，必须先解决造船或架桥的问题。如果没有这两种媒介，过河的目的是无法实现的。

在工作中，如果看到某些同事业绩突出，奖金丰厚，我们肯定会生出羡慕之心。但是，仅仅羡慕是没有用的，必须让自己也具备同样的本领才行。探寻别人成功的途径，让自己也掌握这种本领，这才是根本。在这里，强化自身、努力掌握本领的过程，就是"退而结网"。

当然，暂时放下你所羡慕的"鱼"，还要回去织渔网，这个过程也许是很痛苦的，可是，你必须承认，假如你没有适当的工具，你将永远得不到你想要的"鱼"。

你也许着急地说："等到织好网的时候，鱼早被别人捞走了！"是的，生活中并不排除这种可能。但是，当你的手中有一条足以让你自豪的"网"时，得到你渴望的大鱼，不过是迟早的事。机会总是留给那些有所准备的人，千万不要一味地羡慕别人的成就，当你羡慕别人的时候，先要想一想，自己为什么没有成功，自己没有成功的原因是什么，别人成功的"网"是怎样织成的？

一个人要想有所成就，首先要了解自己想要得到的"鱼"到底是什么，用目标岗位的要求和自己的能力相对照；然后，通过自身的修炼来弥补欠缺，提升自己。

只有在自己找到了切实可行的目标之后，才可以织一张适合自己的“渔网”。

如此看来，“临渊羡鱼”是锁定目标，“退而结网”是为成功做好准备的过程，有了目标和手段，成功就是这么简单！

4 把工作当成一种信仰

说到信仰，人们的脑海中马上会浮现出各种宗教信仰和政治信仰。信仰是人对于生命和宇宙的一种敬畏，是对自己生命价值的一种坚守，信仰决定了一个人为人处世的态度。

在这里，我们不谈世界上各种宗教和政治信仰对于人的影响，而是探讨一下在职场当中，如何对待自己的工作。

如果你认定自己的职业是对人类、对社会有益的行为，那么就要把这种工作当作信仰来予以坚守。

把工作当成一种信仰的人，会用一种虔诚的心态去对待工作，在工作的过程中，无论遇到什么困难，能够始终保持一种锲而不舍、追求卓越的激情，认真做好每一件事。用虔诚心对待工作，认认真真地做好工作当中的每个细小的环节。

作为普通人，我们的工作内容可能没有什么大事，也不要期待在我们的工作中创造出什么惊人的壮举，更多的是处理好日常工作中的一些平凡而琐碎的小事，但是，千万不要忽略它们，因为这些小事就是构成你全部生命的素材，如果你忽略了这些小事，就等于忽略了自己生命的过程，带着一种信仰的虔诚，把每个小事都做到尽善尽美，那么小事就不再是小事了。

弘一大师是中国近代有名的高僧，但是，在他出家以后，无论严寒酷暑，他都始终坚持做出家人的早晚课。这些早晚课的内容是千篇一律的，每天都重复着同样的内容。但是，就是因为这些无数次重复的劳动，一个普通人因此升华为超凡脱俗的圣者。

在接受伊利集团董事长兼总裁潘刚采访时，曾说了下面的一段话，让我们很多人受益匪浅：

> “每个行业成功的标准和方式不尽相同，我觉得成功的方式虽然不同，但都有个共同的特点，那就是成功的人都会脚踏实地做好每一件事，走好每一步路，我想在各个行业里面成功的人也一定是有准备的人，在各自的领域一步一个脚印，通过辛勤的劳动不断积累起来的。我是从锡林郭勒大草原走出来的，父母都是县城里普通的老师，1992 年我毕业分配到伊利的前身回民奶食品厂，当时连房子都租不起，只好回到学校借宿了一年。一年以后感觉到已经给老师添了很多麻烦，我就搬到公司，在化验室里搭了一张行军床，晚上铺开，到上班还得把床和被子收起来。我想每个人都会有自己艰难的时候，所以我们都需要踏踏实实地，一步一步地从基层做起。要想做出点成就，就得做好每一件事，走好每一步路。即使是成熟型企业，也要时刻保持创业的心态，保持创业时的激情，这样才能保持发展的动力和创新精神，才能立于不败之地。”

作为一个乳品企业的掌门人，潘刚也曾经有过租不起房子、在公司里睡行军床的经历，可是当今天的潘刚站在成功者的高度，回顾自己走过的道路时，每一个脚印都代表了他对工作的虔诚之心。

我们每个人都有实现自身价值的强烈愿望，都有成长进步的迫切要求。但是，只有用心之人才能实现这样的愿望和要求，一个对自己负责任的人，就一定是一个关注细节、用心做事、对工作充满虔诚的人。只要我们把对宗教的虔诚之心移植到工作中，并让它成为灵魂中的一种强烈的意识，成为工作生活中的一种积极态度，必定会使工作更加出色。

只有用心才能一丝不苟地做好每一件事、每一个细节，在工作中，我们要用心揣摩细节，用心把握细节，用关注的眼光去发掘细节，用发展的思维去处理细节，以“实、细、勤、严、准”为基本原则，在细节中积累成就大事的能力，这样我们将会有无尽的收获。

成功蕴藏在细节之中，而细节总是与那些肯于用心的人结缘，成功总是偏爱那些用心关注每一件小事的人。认识到每一件小事的背后是一种智慧，一个真正聪明的人会发现每一件事后隐藏的真正价值。懂得注重每一件事的人，自然就拥有了胜人一筹的资本；能处理每一件事的人，往往蕴含了成功的力量。

如果你有雄心壮志，成为职场中“了不起”的人，那就必须用一辈子的时间，把工作当成你自己的信仰，把小事情做成大事业，通过工作来实现你的人生梦想。

5　不要让空想覆盖你的实践

现任创新工场董事长兼首席执行官李开复先生曾经写过一本书——《做最好的自己》，他在这本书中，讲了比较先进的教育理念和有助于青少年成长的案例。

李开复在书中指出，中国社会有个通病，就是希望每个人都按照一个模式去发展，衡量每个人是否“成功”，采用的也是一元化的标准：在学校看成绩，进入社会看名利。尤其是在今天的中国，人们对一个人的成功的评价，更多地以个人财富为指标。但是，有了最好的成绩就能对社会有所贡献吗？有了名利就一定能快乐吗？

当代人更多地喜欢空想，希望不劳而获，希望突然中 500 万大奖，希望有一股突如其来的好运气降临到自己的头上。在这种“一夜暴富”的心态驱使下，有的人因为买彩票而倾家荡产，有的人参与赌博，不仅钱财散尽，而且还会因此而触犯法律，锒铛入狱。

除了这些极端的事例之外，在现实生活中，不切实际的人也有很多，很多人只顾跟别人竞争，一味羡慕别人的工作比自己的好，总想成为像别人那样优秀的人，但又何曾真正认真地想过：人的一生应当怎样度过？自己的素质是什么样子？自己到底适合什么样的工作？

如果想要杜绝不切实际的空想，首先就要学会做人。李开复在书中写道："真诚坦白的人，才是值得信任的人。"这句话给人们留下非常深刻的印象。如果得到他人的信任，就必须让他人看到一个真诚、坦白的样子，而不是一个随口乱放狂言的空想家。有一些空想家，他们整天沉醉在自己为自己勾画的虚构的时空里，有时候就连他自己都相信了他所虚构的一切。

曾经有过这样一个人，他对一个刚刚认识的朋友说，我到年底的时候要买一幢别墅。这个新认识的朋友信以为真。

到了年底的时候，他们两个人又在一个聚会上相遇了，这位新朋友刚想打听一下他买的别墅装修得怎么样了。可是他自己都忘记了当初说过的话，这次他谈话的主题是要投资建一个农场。

一年以后，这个朋友又见到了他，就问他，"农场经营的情况如何？"他说他没有工夫搞农场，现在正在办投资移民加拿大的手续，马上就要出国定居，所以不在国内投资了。

三个月后，这个朋友又在菜市场里遇到了这个曾经说过自己马上就要出国定居的人，看见他的时候，他穿一条短裤，正在地摊上买黄瓜。

这个朋友对于他的现状已经没有兴趣再问了，因为他知道，如果问他为什么没有去加拿大，他也许会抛出一个"月球旅行"的计划出来。

在生活中，一个虚伪的人很容易被人看穿，没有诚意的人不可能做到言行如一，只有真诚坦白才会赢得别人的信任与尊重。

人生处世，最好的办法就是量力而行，做最好的自己。如果一个人能做到实事求是，不夸口、不吹牛，真诚地对待别人，真实地做好自己，那么，这个人就一定会得到众人的信任，还可以在人际交往中、团队合作中，得到别人的一致认可。

记得有位哲人说得好："如果你不能成为一丛小灌木，那就当一片小草地；如果你不能成为太阳，那就当一颗星星。决定成败的不是你尺寸的大小，而在于做一个最好的你。"

做最好的自己，就要学会珍爱自己，珍爱自己的本色。雄鹰有雄鹰的天空，麻雀有麻雀的草地。我们不要苛求自己像刘翔那样奔跑如飞，也不要强迫自己像姚明那样投篮必中。我们要做的，就是看重自己，尤其是当我们处于最痛苦无助、最孤立无援的时候；我们必须独立支撑起人生的苦难，在没有一个人为我们分担的时候，我们绝不能自暴自弃。而是应该学会给自己送一束鲜花，给自己唱一支动人的歌，给自己一个明媚灿烂的笑容，让快乐永远伴随我们。因此，我们不必再为自己比不上别人而郁闷，更不要为此而蹉跎岁月。每个人只要按照自己最满意的样子去生活，对于自己的内心来说，我们就是一个成功者。我们不必为自己赶不上别人而自责，也不必因为境遇不好而感伤，我们所要做的，是追随自己心灵的选择，不求其他，但求能做最好的自己。如果总是把眼睛放在别人身上，羡慕别人的成功，把自己看得一文不值，那我们真的就会永远一文不值。

相传在两千年前，燕国寿陵有一位少年，他虽然吃穿不愁，可是，他却非常缺乏自信，经常无缘无故地感到事事不如人，总是低人一等。他见什么人学什么人，却始终做不好一件事。家里的人劝他改一改这个毛病，可他根本听不进去。日久天长，他竟为自己走路的姿势感到自卑。

有一天，他在路上遇到几个赵国人，感觉人家走路的姿势真是太美了！于是，急忙上前跟那几个人打招呼，得知他们是赵国人，来燕国做生意。这个少年听了以后，决心要到遥远的邯郸去学走路。

一到邯郸，他感到眼花缭乱，因为邯郸的人实在太多了，小孩走路活泼可爱，老人走路稳重大方，妇女走路摇摆多姿，他看见谁就学谁走路，学了半月之后，连自己怎么走路都不会了，最后只好爬回了家乡。后来，有一个成语叫作“邯郸学步”。

这个故事意在告诫那些生搬硬套、机械模仿别人的人，如果这样学下去，不但学不到别人的长处，反而会把自己的优点也给丢掉。试想，如果一个人总是以他人为尺度，就会唯唯诺诺、自卑不堪，这样的人怎能体验到人生的快乐？

唐朝大诗人李白有一句诗，“天生我材必有用”，每个人的生命都是无价的，我们自己的生命一定会在成长的过程中绽放出她的芬芳，充分体现出她本身的高贵。

世界上成功的路有许多条，成功的定义也有许多种，只要我们在理想的指引下，真正做到了自己想做的事情，真正实现了自己的人生的价值，就是一种成功，就应该为此感到自豪和快乐。每一个人都有自己的特长和潜质，做最好的自己，是通向多元化成功的必然途径。

第八章　恒心恒志，难事可成

1　坚持不懈，水滴石穿

水是自然界中的至柔之物，而石头却是至坚之物。柔软的水滴为什么能够穿透岩石？是因为水滴在日复一日的滴落过程中，积聚了足以穿透石头的能量。

有人曾经做过试验，如果水滴是散落的，基本不会对岩石造成任何损害，如果在一个方位上，长年累月地滴水，几年后，在岩石的表面就会出现明显的凹痕。从水滴的能量发挥中，我们可以看到专注和散乱的区别。

在我们身边，经常可以看到这样的员工：他们每天按时打卡，准时出现在办公室，却没有及时完成工作任务；每天早出晚归、忙忙碌碌，却不愿尽职尽责。其实，对于他们来说，上班就是不折不扣的“折磨”，对他们而言，工作只是一种应付：上班要应付，加班要应付，上司分派的工作也要应付。这样的人，精力不在工作的状态里，能做好工作吗？答案无疑是否定的。因为他们的身上没有水滴的韧劲，不能积累出足够穿透岩石的能量。

俗话说，“三百六十行，行行出状元”，然而这些分布在“三百六十行”当中的状元是怎样炼成的？我们发现，他们大多具有水滴石穿的精神，有着令常人惊叹的以对于自己工作的高度专注。

> 杨佳是湖南省长沙市家润多超市朝阳店一名普通的收银员，很多顾客都说：“看她收银，简直就是观赏一次高水平的表演！”
>
> 她录入条码的速度之快，令人眼花缭乱；操作键盘时，只见手影不见手指动；点钞的速度与准确性更是让人惊叹。由于她业务出色，家润多超市专门为她开设了一条通道——“杨佳快速收银通道”。
>
> 在杨佳工作的超市和她的家中，处处都留下了她勤学苦练

的身影。

在超市里，她每天都在“转悠”，熟悉每件商品的条形码的位置，以便一接到商品马上就能迅速地找到条码的位置。为了准确、快速地收银，她常常利用休息时间苦练点钞技术。

杨佳将自己的全部心思都用在了提升工作技能上，她所付出的辛勤汗水同时也得到了回报。点钞速度从原先的25秒跃升到现在的13秒，并掌握了单张单指、一指多张、五指连张等各种花样点钞法；在条码录入上，她从两指录入到五指并用，准确录入50个13位数的编码的时间从1分59秒提高到了现在的1分50秒，刷新了这一行业的纪录。

俗话说：“台上一分钟，台下十年功。”杨佳的收银速度令人叹为观止，她在自己的岗位上做出了令人称羡的成绩，而这份成绩的背后，无不凝聚着她勤奋努力的汗水。

我们要取得成功，就必须对工作保持高度的专注和兴趣，要有水滴石穿的精神，才能把工作做好。

还有一些人，由于自身的情况，刚开始在工作中表现得并不出色，但当他们全身心地投入到工作中，想尽一切办法解决工作中遇到的困难，就像水滴那样慢慢地打磨岩石，石头最后也会被水滴磨穿。

重庆煤炭集团永荣电厂的罗国洲，是一名有着30年工龄的普通员工，从锅炉工到司炉长、班长、大班长。在这个岗位上，他当上了锅炉技师，成为国内远近闻名的“锅炉点火大王”和“锅炉找漏高手”，就是这个岗位，让他感受到了一名工人技师的荣耀和自豪。

罗国洲有一副听得出漏在哪里的“神耳”，只要围着锅炉转上一圈，他就能在炉内的风声、水声、燃烧声和其他各种声音中，准确地听出锅炉受热面哪个部位的管子出现了泄漏声；往表盘前一坐，他就能在各种参数的细微变化中，准确地判断出哪个部位有了泄漏点。

除了找漏，罗国洲还练就了一手锅炉点火、锅炉燃烧调整的绝活。在用火、压火、配风、启停等多方面，他都有着独到的见解。针对锅炉飞灰回燃不畅的问题，他提出技术改造和加强投运的管理建议，实施后使飞灰含碳量平均降低到8%以下，锅炉热效率提高了4%，每年为企业节约32万元。针对锅炉传统运行除灰方式存在的问题，罗国洲提出运行建议，经实施，解决了负荷大起大落的问题，使煤耗下降了0.4克/千瓦时，年节约200多万元。

只有一心扑在自己的工作岗位上，用“水滴石穿”的精神才能把工作干好，才能为社会创造和谐的发展环境，创造出不同凡响的人生辉煌。

2　用实践能力化解危机

人生是一个不断实践的过程。在这个过程当中，我们要面对很多未知的困难和危机。在现实生活中，每个人都希望自己的事业一帆风顺，但是，危机和困难的出现从来不以人的意志为转移。然而，当我们解决了这些困难和危机时，我们的能力就会得到提升。而解决危机的能力，则来自于不断的学习和实践。

上个世纪80年代初，周晓东已经是江西南昌地区颇有名气的木匠了，他有了两个可爱的女儿，生活安宁，小日子过得红红火火，但他的内心仍深深牵挂着家乡。

他从18岁告别老家，一晃10多年过去了，家乡的乡亲们仍然生活得十分艰苦，经过反复思考，周晓东决心放弃安逸的生活，带着妻子女儿回到家乡，希望帮助家乡的乡亲们脱贫致富。于是，他开始了艰难坎坷的创业之路。

1984年,当地区政府委任他筹建"诸暨市电容器厂",借来的两万元钱加10间简陋的平房就是全部家当。连电容器都没见过的周晓东硬着头皮开始了创业,用他的话说,筹建的过程简直可以"写一本小说"。

工厂终于开工了,生产的产品是风扇电容器,当时这种产品特别好销,客户都是背着现金来厂里提货。然而好景不长,由于质量不过关,用户纷纷要求退货。工厂不得不停产整顿。

周晓东整整干了3天,检测返修了3万多只电容器,人已近乎虚脱。从此他有了深刻的质量意识。这个问题还没等解决,更可怕的打击接踵而至。1990年腊月二十九的凌晨3点多,周晓东突然被一阵擂门声惊醒。

开门一看,厂子里火光冲天,工厂已经没有救了!正月初三,周晓东骑一辆自行车在上海四处求人,在那些孤独无援的夜晚,支撑他的,只有重整旗鼓的信念……正月十三,厂子里又重新响起了机器声,企业终于挺了过来。

周晓东爱读书,而所有的书中,他最爱的是《牛虻》,这本书在他流浪时激励过他,在他创办企业经历种种艰辛时,支撑过他。他最佩服的就是牛虻那种忍受苦难、从不诉苦的精神,正是这种精神成为他遇到困难时的精神安慰。

海明威曾经说过:"能够打倒自己的其实永远都只有自己。"人可以被打败,但不能被打倒,周晓东就是靠着这样的信念挺了过来。

在这20年的创业过程中,周晓东为了办好企业,也曾尝试过多元化经营,他做过服装,也搞过建筑,后来都失败了,最后企业也损失了不少资金,在他经历了多次危机之后,他在实践中逐渐认识到,应该一心一意地专注于电容器行业。周晓东在这20多年的经营过程中,不断积累实践经验,在实践中体现了自我价值,他把自己的一切融入到企业里,建立起了讲诚信、重价值和自觉承担社会责任的行为准则。

分析周晓东成功创业的事例，我们发现一条规律：只有实践才能获得经验，也只有通过不断的实践、学习、尝试这样一个重复的过程，才能让我们从中获得经验，提升能力，使我们更加成熟，沉稳，让我们临危不乱、沉着冷静，面对所有的困难和挑战。

3　天堂地狱，一念之差

牧师问上帝："天堂和地狱有什么区别？"上帝没有直接回答，把他带到了地狱。

牧师在地狱里，看到一些人，他们围着一口煮着肉的锅，香味扑鼻。他们每个人都拿着一把长柄勺子，想把舀起的肉放到嘴里，可是，因为勺柄太长，总是吃不到肉，他们就这样眼睁睁地看着香喷喷的肉却吃不到，脸上的表情痛苦万分。

然后，上帝又把牧师带到天堂，这里的情形和地狱差不多，所不同的是，他们把舀起的肉不是放到自己的嘴里，而是把肉喂给别的人，这样一来，他们每个人都能吃到香喷喷的肉。看到这里，牧师恍然大悟：原来天堂和地狱只是一念之差。

自然界中的万物，其内部都同时存在着两种相反的属性。这对立的阴阳两个方面互为依存、互相为用，无阴则阳不存在，无阳则阴不存在。在一定条件下对立的两个方面相互转化。

读到一则禅宗故事，方才明白好和坏，往往也只在一念之间。

一名武士问禅师："真有天堂地狱吗？"

禅师没有回答他的问题，而是反问他："你是做什么的？"

武士答道："我是一名武士。"

禅师喝道："什么？你竟敢说自己是一名武士？看你丑陋的样子，我还以为你是要饭的乞丐呢！"

武士闻言大怒，抽剑欲杀禅师，禅师笑道："地狱之门从此打开！"

武士一怔，觉得此话实有至理，于是收剑，向禅师拜谢而去。

通过这个故事，我们得出一个结论：冲动是魔鬼。每个人在做事之前，都应该去想想，做这件事是不是理智的，会不会产生一些严重的后果，做完以后会不会给别人带来痛苦和不幸，会不会彻底地改变自己的人生。

有时，对与错、好与坏，就是一念之差，如果能在做一件事之前多想想，或许这个世界就会减少很多不幸，或许幸福与不幸就在那一念之间，好人和坏人，原来也可以相互转换，天堂与地狱，也只有那么一念的距离。

4　坚持信念，挑战生命巅峰

一个人能够成功，往往是因为他的心中有了一个永恒不变的信念，人有了这种信念，便会凝聚起一股无穷的力量，便可战无不胜。说起坚守人生的信念，总是让人联想到十九世纪美国女作家海伦·凯勒。

海伦·凯勒1880年6月27日出生于亚拉巴马州北部一个小城镇——塔斯喀姆比亚。她在19个月的时候，被猩红热夺去了视力和听力，从此成了一个又聋又哑的孩子。

在这黑暗而又寂寞的世界里，她并没有自暴自弃，而是自强不息地学习，在她的生命中遇到了一位最可贵的导师——安妮·莎莉文。在老师的帮助下，海伦·凯勒用顽强的毅力克服了生理缺陷所造成的痛苦，学会了读书和说话，并开始和其他人沟通。她以优异的成绩毕业于美国哈佛大学拉德克利夫学院，成为一个学识渊博，掌握英、法、德、拉丁、希腊五种文字的著名作家和教育家。

海伦·凯勒把自己的一生都献给了盲人福利和教育事业，

为了给盲人学校募集资金，她走遍了美国和世界各地，建起了一家又一家慈善机构，为残疾人造福，她获得了世界各国人民的赞扬，被美国《时代周刊》评选为20世纪美国“十大英雄偶像”。

海伦·凯勒之所以能够创造出这一系列奇迹，全靠她那不屈不挠的坚定信念，以惊人的毅力面对困境，最后终于在无尽的黑暗中找到了人生的光明。

她曾经说过这样一句话：“当一个人感觉到有高飞的冲动时，他将再也不会满足于在地上爬。”

从某种意义上说，人不是活在物质世界里，而是活在精神世界里，活在理想与信念所支撑的理想殿堂当中。对于人的生命而言，要想活下去，只要一天三碗饭就可以了；但是，如果你想要活得精彩，无愧于这个伟大的时代，就要具备远大的理想和坚定的信念。

理想和信念使贫困的人变成富翁，使黑暗中的人看见了光明，使绝境中的人看到了希望，更使梦想变成了现实：

在浩瀚的沙漠中，有一支探险队在艰难地跋涉。头顶骄阳似火，烤得探险队员各个口干舌燥。这个时候，最糟糕的事情发生了，这些探险队员发现他们身上带的饮用水用光了。在茫茫的大沙漠里，水就是他们赖以生存的唯一希望，现在，希望破灭了，他们每个人都感到自己就要不行了，这时候，大家不约而同地将目光投向队长。

只见队长从腰间取出一个水壶，两手举过头顶，用力晃了晃，对大家说：“幸好，我这里还有一壶水！但是，我有一个条件，在我们没有走出沙漠以前，这壶水谁也不能喝！”

然后，他把沉甸甸的水壶交给他的队员，大家把水壶放在手中依次传递，这时候，每个人的脸上都显露出无比坚定的神色，大家手拉手，决心一定要一起走出沙漠。

这个水壶给大家带来了坚定的信念，他们就是靠着这个水壶的鼓舞，一步一步地向前挪动。他们死里逃生，终于走出茫茫无垠的沙漠，大家喜极而泣时，队长小心翼翼地拧开水壶盖，缓缓流出的却是一缕缕沙子。他诚挚地说："只要心里有了坚定的信念，干枯的沙子也可以变成清冽的泉水。"

这个故事告诉我们，不管你现在所从事的工作怎样，不管你的处境如何，只要有了坚定的信念，你就有了成功的希望。黑人领袖马丁·路德·金有一句名言："这个世界上，没有人能够使你倒下，如果你自己的信念还在站立着的话。"

是的，即使在最困难的时候，也不要让心中希望的火把熄灭，始终保持一个坚定的信念，就会让你充满斗志。在人生道路上，目标明确，信念坚定，洒下汗水，就一定可以得到圆满的收成。

5 相信自己，财富自然来

一个人对于自己能力的相信，来自他对自己的了解，一个人的自信度有多高，他的人生境界就有多高，自信决定了人生的高度。有了对于自己的充分信任，会让你感到自己具有驾驭生活的能力，当你相信自己是最棒的，也就能对生活充满乐观的心态。

有一位某美术院校毕业的年轻人，在社会上工作了一段时间之后，感觉很不顺利。因此他很灰心，觉得自己这辈子没什么希望了，于是，开始自暴自弃，情绪非常颓废。有一天，他遇到了一位老师，他把自己的苦恼全都说了出来。

老师听完他的话之后，送给他一幅油画，并对他说："这幅画是大师的作品，价值昂贵，你把这幅油画拿到艺术品市场上去卖，但无论谁要买这幅油画，你都不要将它出手。"

年轻人来到市场，第一天、第二天、第三天，三天以来，一直无人问津。直到第四天才有人询问。到了第七天，别人已经给出了很高的价格。年轻人又拿着这幅油画去找老师，老师又让他去拍卖公司。在拍卖会上，这幅油画以惊人的天价被一个富商买走了。其实，这幅油画并不是大师的作品，不过是一个学生的习作。年轻人从中受到启发，从此坚持自己的理想，终于成为一名优秀的画家。

其实，做人与卖油画是一样的道理，如果你认定自己是一个平凡、普通的人，那么你永远不会取得很大的成绩，如果你坚信自己是一个不可多得的人才，那么通过自己的努力，你就一定可以成为你所希望的样子。你认为你是什么样的人，你就会成为什么样的人。

但是，这个世界在充满了成功机遇的同时，也充满了失败的可能，所以，我们要不断提高自己应付挫折与干扰的能力，调整自己，增强社会适应力，坚信失败是成功之母。如果每次失败之后都能有所领悟，把每一次失败当作成功的前奏，那么就一定能化消极为积极，变自卑为自信。

未来的世界充满了无数成功的可能，这种机会对于每个人而言，都是均等的，重要的是要对自己满怀信心，只有自信才是人生的真正财富。如果你对自己失去了信心，别人也无法再给你机会。

在美国，《福布斯》是与《财富》、《商业周刊》并驾齐驱的三大杂志之一，大卫·梅克是《福布斯》的总编。有一次，梅克宣布将要解雇一名员工，有位员工实在太担心、太紧张，因为他觉得自己在公司的表现很糟糕，最后，他忍不住跑去找大卫·梅克问："大卫，你要解雇的人是不是我？"

大卫·梅克慢悠悠地说："本来我还没有想好这个人是谁，不过，既然你提醒了我，那么就是你了。"于是，那位员工当场就被炒了鱿鱼。

有很多人在追求成功的过程中急于求成，他们恨不得一下就跳到 10 米，如果一次达不到那个高度，他们就认为自己没有能力，从而对自己灰心丧气，彻底否定，做什么事情之前就开始怀疑自己，不肯再多付出真正的努力，他们自己给自己判了刑，限制了自己的潜能，阻碍了自己能力的发挥。

动物园海洋馆里，工作人员训练海豚跳高的时候，首先用白线标示一定的高度，只要海豚跳到了这个高度，就会给予它们一定的食物奖励。

这样，海豚从 1 米、2 米、3 米……一直到十几米高。可见，海豚跳高的成功也不是一蹴而就的，而是通过一步一个台阶的不断起跳取得的。

人要相信自己的潜力是无穷的，相信自己的成绩远不止于眼前这些。这样，你就能真正达到自己预定的目标。自信的人敢于面对现实，不怕艰难险阻，无论在任何情况下，都能始终保持愉快的心情。

但是，在生活中，始终保持自信的性格是不容易的，很多人经过生活的磨炼之后，开始变得犹豫、退缩，开始怀疑自己最初设定的目标。

其实，许多对于自己充满了自信的人，在经过很多生活的磨炼之后，变得更加冷静而沉着，会将坚定的自信心与丰富的生活阅历结合起来，这样的人，谦虚、内敛但决不颓废，他们已经有了“泰山崩于前而不改色”的镇定，有笑看人生风云变幻的淡定与从容，于是，他们听到了自己迈向成功的脚步声。

第九章　业精于勤，事荒于怠

1 成功的秘密:今日事今日毕

印度诗人泰戈尔说:“当你为错过太阳而流泪时,你也将错过月亮和星星。”虽然这个道理大家都知道,但是,更多的时候还会因为种种问题的纠结而延误。

刚开始时,我们会感到不安,感觉这样做好像有点对不起自己,但是,回头一看,公司里有很多人都跟自己一样,都没有完成今天的工作,于是,自己也就放心了。这样的想法是对自己不负责任的表现,很多时候,由于一叶障眼,就会看不到未来。

如果你不甘心让自己的一辈子就这样在职场中庸庸碌碌地度过,那么,从现在开始,让自己“今日事今日毕”,每一天都尽自己最大的努力,认认真真地完成每天的工作!

荀子说:“不积跬步,无以至千里;不积小流,无以成江海。”所有伟大的成功都来自日积月累的努力,无论我们在哪里,无论从事什么工作,如果能够始终坚持“今日事今日毕”的工作态度,你就离成功不远了!

当一个人下决心改变自己的生活境况和人生境遇时,就要迅速行动起来,积极承担,养成今日事今日毕的果断决策力,并把它当作自己的行为准则,只有这样,他才能找到自己一切努力的意义所在、快乐所在,才能充满热情地投入到这份事业中去,也才能不畏艰险,坚持不懈,顽强地面对各种困难,积极地尝试解决问题。

北京外交学院副院长任小萍,在她大学毕业那年,被分到英国大使馆做接线员。在很多人眼里,接线员是一个很没出息的工作,然而任小萍在这个普通的工作岗位上做出了不平凡的业绩。她把使馆中所有人的名字、电话、工作范围甚至连他们家属的名字都背得滚瓜烂熟。当有些打电话的人不知道该找谁时,她就会多问,尽量帮他(她)准确地找到要找的人。

慢慢的,使馆人员有事外出时并不告诉他们的翻译,只是给她打电话,告诉她谁会来电话,请转告什么,等等。不久,有很多公事、私事也开始委托她去通知,使她成了全面负责的留言处、所有工作人员的秘书。

有一天,大使竟然跑到电话间,笑眯眯地表扬她,这可是一件破天荒的事。结果没过多久,她就因工作出色而被破格调去给英国某大报社记者处做翻译。该报的首席记者是个名气很大的老太太,得过战地勋章,获得过勋爵的称号,本事大,脾气更大,甚至把前任翻译给赶跑了,刚开始时她也不接受任小萍,看不上她的资历,后来才勉强同意一试。

结果一年后,老太太逢人就说:“比我的翻译好上10倍。”

不久,工作出色的任小萍又被破格调到美国驻华联络处,她干得同样出色,不久即获外交部嘉奖。

回顾当年,任小萍女士感慨地说,在她的职业生涯中,每一步都是组织上安排的,自己并没有什么自主权。但在每一个岗位上,她都有着自己的选择,那就是要比别人做得更好,把自己给自己规定的要在当天完成的任务做完。

卡耐基说过:“有两种人绝对不会成功:一种是除非别人要他做,否则绝不会主动负责的人;另一种则是别人即使让他做,他也做不好的人。而那些不需要别人催促,就会主动负责做事的人,如果不是半途而废,他们将会成功。”

当你每天下班时,是否应该回顾一下:“我今天是否尽到了责任?我是否能帮助了我的公司成长进步?我工作的结果,会对公司、同事、客户,还有社会大众产生什么影响?”

有了这样的责任感,我们平凡的日常工作就变得更有意义了。我们做得好一点还是差一点,并非无关紧要,很多人需要我们做得更好,因为我们的工作对他们来说很重要。如果我们能做得更好一点，就能使更多的人得到快乐。

2 通力协作，共享成功

我们现在的时代，不再是一个靠个人英雄主义，单打独斗就可以成功的时代了，现在任何人如果想取得成功，必须依靠同事之间、各个部门的通力配合，于是，在公司里一个人是否乐于助人、是否能够与人很好地协作，就成为衡量一个人是否能够在职场中大有作为的重要标准，正如人们常说"赠人玫瑰，手有余香"，公司里的一个乐于帮助别人的人，事业自然会比那些不愿意帮助别人成功的人发展得更顺利。

有这样一个故事，两个钓鱼高手一起到鱼池垂钓，这二人各凭本事，一展身手，没过多久，两个人的水桶都装得满满的，成果不相上下。忽然间，鱼池附近来了十多名游客，看到这两位高手轻轻松松就把鱼钓上来，十分羡慕，于是，大家都到附近去买了一些钓竿来钓鱼，没有想到，这些不擅垂钓的游客们，忙了半天，却毫无成果。

再说那两个钓鱼高手，这两个人的性格截然不同，其中一人性格孤僻，不爱搭理别人，他喜欢独自享受垂钓的乐趣，而另一位高手却是个爱交朋友的人，这个爱交朋友的高手看到游客钓不到鱼，就主动对那些游客说："让我来教你们钓鱼吧，如果你们学会了我传授的诀窍，保证你们能钓到一大堆大鱼！"

游客们说："那怎么好意思，我们跟你素不相识，你教会我们钓鱼，我们怎么报答你呢？"

这个热心肠的高手说："这样吧，当你们钓到十尾鱼的时候，就分给我一尾，如果钓不到十尾，就不必给我。"大家听了这个条件。都很高兴，双方一拍即合。

这个热心肠的钓鱼高手教完这一群人之后，他又到另一群人中，也同样毫不保留地传授钓鱼技术，然后，跟这些人也做了同样的约定：要求大家，钓到十尾的时候，就回馈给他一尾。

一天下来，这位热心助人的钓鱼高手把所有时间都用来指导初学者，自己几乎没有动手。可是，到了晚上，他获得了满满两大箩筐鱼，并且还交了很多新朋友，大家都叫他“老师”，尊崇备至。这时候，再看那个孤独的高手，他自己在小马扎上坐了一天，不仅腰酸腿痛，而且收获远远比不上那个热心帮助别人的人。

这个小故事，给了我们很大的启示：在我们的生活中，总会有地方需要别人的帮助。同样，我们身边的人也需要我们的帮助。只有互相帮助，我们才能生活得更美好、更快乐。在生活中，我们帮助别人也等于帮助自己。

《论语》有云：“己欲利而利人，己欲达而达人。”在公司里，我们都生活在一个大集体中，每个人都不可能孤立地存在，有时候，我们可能帮助别人，也有时候，我们也需要别人的帮助。在我们最需要帮助的时候，主动站出来帮助我们的人，往往就是那些我们曾经帮助过的人。

帮助别人，就是在默默无闻地播撒着美好的种子，让它在每一个受助者的心中开花。与其自己独享成功的喜悦，不如与人分享，快乐就会因此倍增。

因此，不要吝啬对别人的帮助，从现在开始，尽我们所能，开始帮助那些需要帮助的人吧！给路边的乞讨者一元钱，给迷途的异乡人指指路，用会心的微笑祝贺朋友的成功，在公交车上把座位让给年长的人，认真倾听一个失意者的诉说……

这些看似不经意的举动，往往传达出一种朴素的人格的光芒，这便是生命的真谛。

3 千里长堤，溃于蚁穴

纵观历史，千古沧桑，历史上不论多么伟大的人物，无论他们的事业做得多么大，最后的失败都是因为一点点小的疏忽。任何一个人的成功都是细节努力的结果，要在每一个细节上精益求精，在工作当中任何小漏洞、小毛病都不能忽视。

伟大源于细节的积累，做大事应从小事一点点做起，细节定成败。每一个成功的人都是从细节做起，从抓好每一个“细小甚微”处做起。

“从小事做起”，短短的五个字，可要真正做到，是何等的不容易。《细节决定成败》这本书使人感受颇多，书中强调“注重细节，力争把每一件事做透”，在书中他没有罗列一大堆晦涩难懂的道理，而是举了一个个真实生动的企业案例，讲明了细节在企业日常经营管理中的作用，指出：中国人不缺勤劳不缺智慧，我们最缺的是做细节的精神，中国快餐拼不过“洋快餐”，恰恰败在我们做不好“细节”上。

海尔集团首席执行官张瑞敏说：“把每件简单的事做好就是不简单，把每一件平凡的事做好就是不平凡。”

我国大型制药企业山西亚宝药业集团股份有限公司总经理许振江说：“生产经营中的每一个细节都关系到每一件事情和每一个任务的完成，甚至关系到一个企业的成败。”

有很多高级执行官总是把眼睛盯着所谓的“大事”、“要事”，而不屑于堵塞小漏洞。国外有这样一个真实的事件：

1939年6月1日，号称当时世界最先进的英国皇家海军T级潜艇“西提斯”号首次出航，前往利物浦湾进行最后潜航试验。

驶出港口一小时后，由于压舱物过轻，首次下潜失败，艇长下令打开鱼雷发射管的内层盖子，以便海水部分涌入，增加潜艇的重量。然而，内层盖子一打开，数以百吨计的海水以迅雷不及掩耳之势涌入潜艇的第一、第二间隔舱，重量激增的潜艇随即一头朝下，迅速沉入海底，此后再也未能浮起，艇上 103 人除 4 人生还外，其余 99 人全都葬身海底。

事后究其原因，竟然是出海前数周，一名造船厂油漆工在给鱼雷发射管刷漆时，不慎让一滴油漆渗漏，粘住了一个用于防止事故发生的安全测试阀门，导致“西提斯”号鱼雷发射管外层的盖子一直处于打开状态。所以，悲剧就这样不可避免地发生了，当艇长在不知情的情况下，下令打开内层盖子后，鱼雷发射管的里外双层盖子便同时处于打开状态，瞬时间，无遮无挡的海水汹涌而入……

可是，当意外的灾难没有发生的时候，又有谁会把一个潜艇的命运和一个油漆工的疏忽联系在一起呢？

《战国策》中有一篇文章名叫《中山君飨都士》，中山君在宴请众大夫的时候，犯了一个小错误，没有准备足够的羊肉。在席间分肉的时候，分到司马子期的位置时，羊肉没有了。司马子期认为这是大王有意侮辱他，于是愤然离开，然后跑到楚国，鼓动楚国发兵灭了中山国。其实，准备酒席的时候，没有预备充分的肉食，这在一般人看来，只能算是一个小细节，可是，就是因为这个小事，却引来了中山国被楚国消灭的结果。

随着经济的发展，专业化程度越来越高，社会分工越来越细，也要求人们做事认真、精细，否则就会影响整个社会系统的正常运转。对于一个企业来说也是如此，企业要成功，就得靠每一个员工在工作中杜绝任何一个细微的纰漏，把每一个细节做好。

有人说，“现代的人就像在针尖上跳舞——比的就是精细”，谁能注意到细节，谁就是成功者，所以不论多么远大的理想，伟大的事业，都必须从小处做起，从平凡处做起。团队或班组管理也同样如此，细节决定成败。

只要努力地做好每一件细微的事情，就能离成功越来越近。认准方向，朝着理想努力，从小处做起，因为“合抱之木，生于毫末；九层之台，起于垒土；千里之行，始于足下”。

4　小事可急，大事必缓

成大事者的功业不是一天建立起来的，成就大事业、大学问，获得大成功也不是一蹴而就的。如果过于急躁，一定是欲速则不达。

古代有个叫养由基的人精于射箭，且有百步穿杨的本领。据说连动物都知晓他的本领。一次，两个猴子抱着柱子，爬上爬下，玩得很开心。楚王张弓搭箭要去射它们，猴子毫不慌张，还向人做鬼脸，仍旧蹦跳自如。这时，养由基走过来，接过了楚王的弓箭，于是，猴子便哭叫着抱在一块，吓得瑟瑟发抖。

有一个人很仰慕养由基的射箭术，决心要拜养由基为师，经几次三番的请求，养由基终于同意了。养由基交给他一根很细的针，要他放在离眼睛几尺远的地方，整天盯着看针眼。看了两三天，这个学生有点疑惑，问老师说：“我是来学射箭的，老师为什么要我干这莫名其妙的事？什么时候教我学射箭术呀？”

养由基说：“这就是在学射箭术，你继续看吧。”

这个学生满心疑惑，又继续盯着那针眼看。可过了几天，他便有些烦了。他心想：“我是来学射箭术的，看针眼能看出什么来呢？这个老师不会是在敷衍我吧？”

没有想到，过了几天，养由基又让他一天到晚在掌上平端一块石头，伸直手臂。这样做很苦，那个徒弟又想不通了，他想：“我只学他的射箭术，他让我端这石头做什么？”于是很不服气，也不愿再练了。养由基看他不行，就由他去了。后来这个人又跟别的老师学艺，最终也没有学到射箭术，空走了很多地方。

其实，如果他能脚踏实地，不好高骛远，甘于从一点一滴做起，他的射箭术肯定会有很大的进步。

农夫收获庄稼、士人积累学业都是积之数年而有成的，如同鸟类伏在卵上，昼夜不舍，用体温使卵内的胚胎发育成熟，才能使雏鸟破壳而出，又如燕子营造巢穴，日积月累方能使巢穴坚固。这一切强调的都是慢工夫。大师级人物做事功力深厚，一招一式都恰到好处。但是我们怎么学都学不来，反而弄巧成拙。静下心来，想一想，擅长打太极拳的人，那些大师级的拳手，都有一套令人赏心悦目的慢工夫，显示出以静制动的功力。

曾国藩把此道运用于做人办事方面，他认为，一个人的成功要有一个过程，不可求快，因为太快容易摔倒，也不能太慢，太慢容易让人抢先。掌握好快慢结合的节奏，要看两点：一是时机，二是实力。曾国藩知道慢工夫的妙处，因此自己在做人办事时，牢记"欲速则不达"这一条古训，做到在慢工夫中见真力。

随着现代生活节奏的加快，导致人们心态上的一个重大变化，就是大家都太急于求名，急于求利，急于求成。何谓急功近利？急切地追求短期效应而不顾及长远影响，追求眼前利益，而不顾根本道理，谓之急功近利。这种急功近利的心态应该说是很多人的通病。对此我们似乎应从曾国藩的成功学中汲取一点儿有价值的东西。曾国藩主张以"缓"取胜，通俗地说，就是要下慢工夫。

凡是成大事者，都必须力戒"浮躁"二字，在你奋斗的过程中，浮躁占据着你的思维，会使你失去清醒的头脑，使你不能正确地制订方针、策略，做到稳步前进。所以，任何一位试图成大事的人，都要扼制住浮躁的心态，只有踏踏实实做事，才能达到自己的目标。

5 做事不武断，三思而后行

任何时候，做事武断都会给工作带来巨大损失，做事武断、刚愎自用的人古已有之，在战国时期，赵国将军赵括就因为做事武断、纸上谈兵，最后导致赵国四十万军队土崩瓦解，国力大衰。所以，我们必须在工作中，尽量杜绝做事武断的作风。如何才能在工作中杜绝由于武断造成的损失？最好的办法就是凡事“三思而后行”。

“三思而后行”这句古训出于《论语》，这句话的意思就是要我们养成做事前多思考的好习惯。决定做一件事的时候，特别是重大问题时，必须进行全方位的考虑，拿不准的时候多听听旁人的意见，也很有好处。

“三思而后行”并不是胆小怕事、瞻前顾后，而是一种成熟、负责的表现。很多刚刚步入职场的年轻人，由于工作激情高涨，做事仅凭一时冲动，结果在很多时候考虑问题很不周全。

“三思而后行”，对问题的完美解决会有很大的帮助。但是在这个快速多变的社会中，稍一犹豫，时机就会在瞬间错失。有的时候考虑得太多，也会坐失良机。

正如鲍威尔曾经讲过的：在作决策的时候，需要在掌握40%至70%信息的时候做出你的决策。信息过少，风险太大，不好决策；信息充分了，你的对手已经行动了，你就出局了。

三国时期蜀国的马谡，由于一味顽固武断，不接受诸葛亮的建议，而导致了“失街亭”，马谡的失败，给蜀国带来了致命的打击，诸葛亮不得不冒险唱了一出空城计。刚愎自用者不肯接受他人意见，对于朋友的规劝或忠告置若罔闻，不仅会使自己头破血流，还会给团队带来致命的危害。

“三思而后行”与快速地把握时机并不矛盾，做事情要学会把握时机，同时在决策的时候还要多去思考。这样的人才有希望达到成功的彼岸，立于不败之地。

人只要活着，就不可能不遇到各种各样的事情。有好的，有不好的，但无论遇到什么事情（指相对重要的事情），都要三思而后行，这样做，可以避免冒失做事留给我们的遗憾；可以多给自己留出一个缓冲的机会；三思而后行，可以尽量找到解决问题的最佳答案。

6　经历是成功者最宝贵的财富

我们在前面说过，生命追求的不是结果，而是过程，任何一个想要成就大事的人，首先要积累大量的经验和知识，不断地丰富我们的人生阅历，从中获得经验的积累。

在一次财富论坛上，有一位创业者向天狮集团有限公司董事长兼总裁李金元先生请教了这样一个问题："你为什么能够发现商机，有些人却看不到？"

李金元说了一句耐人寻味的话："我的经历是最宝贵的财富。"

今天的李金元以160亿人民币的身价连续两年蝉联中国医药行业富豪榜首位，成为中国直销业教父级的人物。在这短短的30年时间里，李金元究竟凭借着什么将天狮集团迅速做大，发展成为业务辐射近190个国家和地区的跨国集团？凭的就是他对自己目标的坚定信念，而这份坚定信念来自他人生的丰富体验。

说起李金元的人生经历，可为非常曲折，30多年前，李金元只不过是华北油田的一名普通工人，后来他开始做生意，1993年之前，李金元不但卖过粮食、收音机、衣服，开塑料场、面粉厂，造过干洗机，甚至还开办了印刷公司，用他自己的话说，就是"什么能来钱，我就干什么。"

到了1993年，保健品尚未得到消费者的认可，李金元却以一个生意人的视角，看到这个行业的光明前途。于是放弃了房地产事业，进入了营养保健品行业，成立了天狮生物工程公司，花了80万元买回了一个配方，又贷款1200万元，在天津市武清区建立一座4000多平方米的生产厂房，可经过三个月的试车，整整投进了180多万元的生产原料，产品一直也没有成功地走出生产线。当李金元回头找项目发明人时，他们早已销声匿迹了。

前后将2000万砸了进去，连一个响都没听到，不仅耗尽了自己的所有资产而且还欠下了银行的贷款，李金元精神几乎崩溃了。

几天之后的一个夜里，李金元跳入了距厂区不远处的一个湖里，冬天的湖水冰冷刺骨，但他跳下去之后，被冰冷的湖水一激，突然想开了："只要主观上有意愿，冰水中也能够游泳，关键在于人的意志。"经历了在冰冷湖水中的一种独特体验之后，李金元的意志更加坚定了，他在专家的帮助下，咬牙追加了480万元的投资，"天狮营养高钙素"成功下线，第二年，他将"天狮营养高钙素"成功推向了市场。

产品成功上市，并不意味着李金元从此走出困境，更大的考验还在后面。1995年的春节，对于李金元来说，是一个非常刻骨难忘的记忆，这一年，李金元还与往年一样，回沧州老家给长辈们拜年。当他推开本家一位叔叔的房门的时候，屋里十几个亲人都用冷冰冰的目光看着他，一位亲戚说了一句很难听的话，让他进也不是退也不是，只好尴尬地站在门口。

大家对他冷漠是有原因的，此时的李金元正在遭受着严重的"经济危机"，由于经销商欠款，使得他的现金流出现短缺，他一面要还银行的贷款，一面还要支付员工的工资，无奈之下，他卖掉了经营多年的面粉厂和饲料厂，又卖掉了自己心爱的奔驰车，甚至频繁地向亲戚借钱来维持公司运转，但现金流的问题依然没有得到解决的迹象。以前被亲戚看成是财神的李金元变成了"瘟神"，亲戚们以为他又是来登门借钱的。

“我给你们拜年来了。”李金元故意打破这个尴尬的局面，然而屋里的人继续保持着沉默，面对如此场景，他站了几分钟之后，转身离去。艰难、冷落、困惑、无助，尤其是亲人的冷漠让李金元感到苦闷、不平和无奈，他甚至又一次想到了绝路。但是，他心里还有一个信念，无论如何也不能倒下！这一次，李金元采用了从朋友那里学来的直销模式，这种营销模式使天狮迅速摆脱了困境。

人生的道路是不平坦的。无论是在学习中还是在工作中，人人都会遇到一些阻碍或者坎坷，有些困难是无形的，有些困难是有形的，面对失败，需要的是沉着冷静，理性对待；以失败为镜子，找出失败的原因，只要跨过去，便是成功的阳光大道。

经历越多，积累也就越多，人就越成熟。有了失败的经历，我们才会更好地把握成功的时机；有了痛苦的经历，我们才更懂得怎样去创造快乐；有了失去的经历，我们才不会轻易放弃自已的选择；有了病残的经历，我们才更懂得健康的宝贵。人生丰富的阅历，让我们能够直面人生的坎坷，化解精神的压力，使我们勇敢地面对困境，走出自我忧愁的小天地，去面对命运的阴影，去迎接猛烈的风雨。

经历告诉我们：面对机会时，不仅要勇敢，更要坚强，正确的做法就是：敢于经历，始终自信，努力做到这次要比上次更好。

7 合适的就是最好的

在这个纷繁的世界里，每个人的生活节奏都很快，似乎谁都在忙着培训、充电，忙着完成工作，忙着会议传达，忙着……总之，每个人都有一大堆事情在等着我们去完成，使我们忙得焦头烂额，以至于常把“我没空”、“我没时间”挂在嘴边。

然而,时间一长,个人的价值立见分晓,有的成了百万富翁、亿万富翁,有的还在温饱线上挣扎。产生这种差别的原因,根本在于做事是否具有方向性,是否坚信这个工作适合自己。如果这份工作适合你,即使在平凡的岗位上照样也能干出优秀的业绩。

天下没有不好的工作,只有不好的工作态度,只要立足本职工作,坚信这个工作是适合自己的,带着这样一种自信开始你的工作,就会使你在工作中更加敬业,也将决定你日后的成长态势。

日本“推销之神”原一平是营销界的杰出人物。然而,原一平本人却其貌不扬,个子很矮,只有1.50米左右。推销员是一个直接和客户打交道的职业,一个人的相貌势必会影响到销售业绩,然而正是这样一个人,却超过了无数个相貌英俊、仪表堂堂的推销员,成为行业中的巨人。原一平的成功,靠的不是运气,也不是家庭背景,而是靠他自己勤奋的工作,坚信这份工作适合自己。

1972年,已经69岁的原一平应国泰人寿保险公司的邀请到台湾做公开演说。在演讲会上,有人问他推销的秘诀时,他当场脱掉鞋袜,对提问者说:“请你摸摸我的脚板。”提问者按照他的要求去做了,十分惊讶地说:“您脚底的老茧好厚呀!”

原一平说:“因为我走的路比别人多,跑得比别人勤,所以脚底老茧特别厚。”其实,这不是虚言。在工作期间,原一平平均每个月要用掉1000张名片,每天固定要访问15位准客户。有时候访问的客户不在,他往往要跑上好几趟,所以常常工作到半夜才能回家。

“推销之神”原一平的故事给了我们这样的启示:天下没有不好的工作,只要你认为这个工作适合自己,并能够以始终如一的热情坚持下来,这就是最好的。没有这种坚信,任何一项成绩都不可能轻易取得。

美国第二代移民安松尼·阿司特,年轻时曾在纽约街上,靠给行人擦皮鞋为生。那时候，还不会说流利英文的他，擦鞋的功夫既高明又迅速，虽然他一贫如洗，却以他的工作为荣。即使三餐不继，他也不以贫穷为苦，虽然个性内向羞怯，然而从未听到他因为贫穷而怨天尤人。后来，他凭着无比的毅力，奇迹般地以鞋油为主业，开创了自己的企业，他所出品的克丽斯汀牌鞋油，至今仍然畅销全球。

即使是一个平凡的岗位，也可以做出骄人的成绩。所以不要蔑视自己的工作，蔑视工作也就等于否定了自己的劳动和自己的人生价值。

没有一个人的才华和成功是与生俱来的，坚信适合自己是职场中人走向成功必不可少的优良品质，对事业的忠诚必然会使我们有所收获。

在人才竞争日益激烈的职场中，唯有依靠自己，认真对待自己的工作，在工作中不断进取，才能成功。尤其对于刚刚参加工作的人来说，这一点尤为重要，必须在刚刚工作时，就懂得这些在职场中立足的法则。

邵逸夫这个名字对很多中国人来说，真是再熟悉不过了，以他的名字命名的校园建筑遍布中国各个城市。

1926 年，刚从中学毕业的邵逸夫来到了新加坡，协助三哥开拓南洋电影市场。创业的日子里，最让邵逸夫难忘的，是和哥哥一起到新加坡和马来西亚做流动电影放映。他们扛着电影机和影片，在烈日下长途跋涉，深入到华侨众多的农场去放露天电影。

那时的放映设备还很落后，要用手工一格格地摇片子，一场电影放下来，放映人都累得腰酸手痛。邵逸夫对这些困难并不放在心上，因为他明白这个工作虽然累，可它是适合自己的。

20 世纪 30 年代，有声电影是新鲜事物，邵逸夫辗转从美国买回“发声机器”，然而，放映设备虽然有了，有声影片却还没拍出来。邵逸夫不得不自己坐下来写剧本，两只腿被蚊虫咬得吃不消，他只好打上一桶水，把脚泡在水里。一写就是半个月，可是写出来之后自己却不满意。他只好一边继续拍无声影片，一边摸索有声片的拍摄技术。

邵逸夫正是通过自己的辛勤努力，坚信这个工作适合自己，一心一意

做好他的娱乐产业，才最终成就了邵氏、无线两个电影、电视王国，培育了数之不尽的演艺人才。

亚里士多德说过："明白自己一生在追求什么目标非常重要，因为那就像弓箭手瞄准箭靶，我们会更有机会得到自己想要的东西。"

方向是一个人行动的指南针，找到方向的人才能为这个美好的结果去努力，没有目标的人只会在原地踏步而不会前进。任何一个优秀的人才都不会在工作中盲目，他们总会在行动之前为自己设定努力的方向，明白这个工作是适合我的。一个人能够取得非凡的成绩，环境、机遇、天赋、学识等外部因素固然重要，但更重要的是自身的勤奋与努力和坚定适合自己的信念。

缺少坚定的精神，哪怕是天资奇佳的雄鹰，也不敢在无尽的苍穹中翱翔；有了勤奋不息的精神，哪怕是行动迟缓的蜗牛，也能一直爬到塔顶。

其实，能为自己找到合适的位置，知道自己的路在哪里，这本身就是你的财富。坚信适合的坚定信念本身就是财富，如果你是一个坚定、勤劳、肯干、刻苦的人，就能像蜜蜂一样，采的花越多，酿的蜜也越多，你享受到的甜美也越多。

要想在这个人才辈出的时代，创造自己完美的职业之路，就必须经常提醒自己："这个工作是适合我的。"对于这个结果，不能存有一丝疑惑。

第十章　不断探索，不断前进

1　凡事须问为什么

有很多人在工作中不爱动脑筋，领导怎么说他就怎么做，过去怎么做，现在仍然照旧做，对工作的本身意义并不了解，也不愿意主动去了解、思考，因此，他们很容易犯“教条主义”和“经验主义”的错误。

想要解决工作中出现的问题，就像医生诊病一样，很多人在生病的时候，怕的不是疾病本身，而是恐惧找不到发病的原因。一旦找到问题的出处，解决起来就有希望了。

在工作当中，很多员工常常会向自己的上司抱怨：“我是按你说的做的呀，为什么你不满意呢？”他们不知道，上司的指令可能只是方向性的，具体怎么操作，得到什么样的结果需要你自己去动脑思考。你如果只是知其然不知其所以然，这样去执行，得到的结果往往会南辕北辙。

举个例子，有一回，某文化公司的编辑部主任，打发一位员工到出版社送一部书稿，顺便把上次送去审查的书稿取回来。这个员工回来的时候，把取回的稿子交给主任，可主任一看，编辑老师还没有审阅完书稿。

主任很生气，找到那个员工来问：“你为什么把这个没审读完的稿子也拿回来了？”

这个员工理直气壮地说：“你不是让我把上次送的稿子取回来吗？那我就取回来了。”

主任很无奈地说：“你怎么不想想，既然还没审完，取回来有什么用？你回来跟我说一声，编辑还没审完，不就得了，现在搞得我还得去向编辑老师解释，不是我们主动要撤稿，是来取稿的人搞错了，你说这事闹得多尴尬？”

员工嘟囔着说：“那你又不说清楚，我只是按你说的去做而已。”

其实，这个员工在这个文化公司干的时间也不短了，一部书稿的出版操作程序他也清楚，什么情况下应该取稿子，什么时候不必取，他自己应该有个基本的思考判断，上级没必要替他把各种情况都想到。即便退一步，遇到这种情况，给领导打个电话也可以把这个问题说清楚，如果在工作中不问为什么，操作起来，看似遵守命令，其实死板僵化，曲解了事情的本意，往往越做越错。

我们在工作中多问几个“为什么”，能避免我们少走弯路，少出问题，而一旦出了问题，我们也应该多问几个为什么，这样才能真正解决问题，而不是暂时对付过去。

企业的管理工作是一项庞大而又复杂的工作，经常会遇到这样或那样的问题。这对企业管理者来说，就需要经常研究问题，而且要比其他人更加具有一种好问的精神。

有一次，通用汽车公司黑海汽车制造厂的总裁，在拆阅顾客来信的时候，见到一封非常奇怪的信。这位客户在信中抱怨说，只要他从商店买回香草冰激凌，他新买的黑海牌汽车就启动不了，但如果买其他种类的冰激凌，则不会出现这样的情况。

黑海厂总裁也对这封信感到迷惑不解，也想不出什么样的好办法，但还是派了一名工程师前去查看。当晚，工程师就跟随这个车主去买香草冰激凌，返回时，车子果然启动不了。工程师不得其解，回去向总裁汇报说是事实，但是一时还不能确定是什么原因。

在总裁的嘱托下，工程师随着车主一连两个晚上都去买冰激凌。车主分别买了巧克力冰激凌和草莓冰激凌，结果车子都能够照常启动行驶。但第三个晚上买香草冰激凌时，车子又和往日一样，出现了发动机熄火的情况。

尽管工程师没有找到真正的原因，但是他确定绝对不是车子对香草冰激凌过敏，而这一结论也引起了总裁以及通用汽车制造厂的关注。于是总裁要求工程师加倍努力，一定要找出问题的原因。在几次随车主外出的过程中，工程师都对日期、汽车往返的时间、汽油类型等因素做了详细的记录。

最后，工程师终于发现了一些关键的线索：汽车启动跟买冰激凌所花的时间长短有关系，香草冰激凌只是一个偶然的因素。因为香草冰激凌是最受欢迎的一种冰激凌，售货员为了方便顾客，就直接把它放在货架前，买主如果需要的话只用最短的时间就能买到，而这个时候汽车的引擎还很热，不能使发动机产生的蒸气完全散尽。而买其他冰激凌则需要更多的时间，汽车可以充分冷却以便启动，所以买其他的冰激凌汽车就能启动，而香草冰激凌就不行。

那么，车子为什么停得时间短，就启动不了呢？经过工程师进一步的调查研究发现，问题出在一个小小的“蒸气锁”上，尽管这是一个很小的细节，技术难度也不大，但是却影响了客户的使用。经过反复思考，工程师终于解决了这个问题。

在工作中解决问题，要有一种追根究底的精神，多问几个“为什么”，这是一种非常有效的工作方法。只要有了这种做事的精神和态度，每一个问题都能水落石出。遇到问题，不投入时间、精力、物力去努力地研究、冷静地思考，而是浅尝辄止，只给出“可能或不可能”的简单结论，再小的问题也不能够解决。

一个职业经理人必须学会问为什么，遇到问题一定要多想一想应该怎么办才好。在职场中，“问”是一种非常有效的方法，具体的方法就是在我们面对一个问题的时候，先把问题中最重要的因素罗列出来，然后围绕这些因素不断地问为什么。

我们总是在强调怎样超越自己、超越对手，比别人跑得快，比别人做得好。其实这其中的奥秘就是多问几个为什么，也就是比别人想得更周详、更细致，比别人更加理性。别人想到一，我们就要想到三。如果平时就养成了这样的思维方式与行为习惯，这样的习惯又促进我们勤于动脑，促进我们发现问题的内在规律，从而积极发现推进工作的根本方法，再通过有力的执行去实现它，那么成功就离我们不远了。

在工作中，每一个人都会遇到各种各样的问题。对于简单的问题，可能会轻而易举地解决，而对于较为复杂的问题，要想得到很好的答案，则不是很容易的事。但是，遇到问题不能够拖延，也不能放弃，而是要抓住已有的线索，追根问底，凡事多问几个"为什么"，只要你善于发现问题，善于思考，问题就能最终得到解决。

2 问题是纲，纲举目张

很多员工已经工作很长时间了，在工作中，已经积累了很多经验，掌握了不少工作技能，也许你对"如何在工作中做出成绩"已经花了不少时间去思考，当然你也听惯了各种陈词滥调：

"要努力！"

"要负责任！"

"要有奉献精神！"

"要学会创新！"

对于这类词句，你已经不再感觉到新鲜。

除了以上所说的理念之外，若想成为一名职场上真正的成功人士，你必须在脑海里夯实这样的理念：工作就是找出问题，然后解决问题。

对于每一位关心自已前途命运的人来说，只有解答了这个问题，才能避开那些干扰我们提高工作绩效的"陷阱"，并找到通往成功金字塔的捷径。

善于找出问题是在工作中解决问题的重要环节。

我们在上一节中说到，在我们的实际工作当中，要多问“为什么”，只有发现问题和认真分析了问题所在，才能很好地解决问题。

下面我们要说说如何区别哪些问题是主要问题，哪些问题是次要问题，哪些问题必须首先解决，哪些问题可以稍后解决。

一个优秀的员工最重要的工作就是要充分发挥自己的智慧，去努力找出工作当中的问题——如果一个员工连问题都发现不了，又何谈解决问题呢？事实证明，只有看到问题出在哪里，才有可能正确地分析问题，进而解决问题，并使自己在工作中有着更大的发展。俗话说，“千里之行，始于足下”。并不是所有的工作都是那么高深莫测，只要我们用心体会，在遇到问题的时候才能够发挥自己的聪明智慧，去细致地分析现实状况，去努力改进工作中的不足。一定能够找到更为简单、更为有效的解决之法。

在世界500强企业中，有许多企业的管理层都认为，发现问题甚至比解决问题更重要。有一次，美国福特汽车公司有一台巨型发电机出现故障，不能正常工作。公司内部的很多资深技术员看了很久都没能排除故障。他们只好邀请了德国最著名的技术专家来解决这一难题。这位专家来到福特公司后，整整两个昼夜都坐在机器的旁边观察，并且仔细地检查机器的各种零部件，有时还会听听机器某个部位的声音。最终他只在机器的最上面画了一条白线，然后告诉修理工人，把机器顶上的盖子打开，画线地方的线圈应该要绕20圈，而现在仅仅绕了19圈。

于是，人们照办了，机器又重新运转了起来。虽然机器的问题很简单，但是这位德国专家却索要1万美元的报酬。当时大部分技术人员都认为这个价格太昂贵了，因为这个机器并没有出多大的毛病，而且问题非常简单，处理起来也很容易。

可是福特的老总却不这样认为，他说，正是这位德国专家发现了问题，所以才有可能排除机器故障，公司也才能正常工作，不然，很多事情都会被搁置起来，将来的损失会更大。还有，在工作中，有很多不容易被发现的问题，一直隐藏在看似“非常正常”的假象之下，如果总结失败的原因，其实就是一个小小的问题没有得到及时解决，所以，酿成了失败。

汰渍洗衣粉是生活用品中的著名品牌，在一次会议上，业界人士讲了一件事情，说的是有一段时间，汰渍洗衣粉的销售量一直下滑，可是却苦于找不到下滑的原因。

后来，一名销售员发现，原来汰渍洗衣粉的销量一直下滑，是因为使用汰渍洗衣粉洗衣服时，要用的洗衣粉量很大。因为在汰渍洗衣粉的广告中，倒洗衣粉的时间很长，即使衣服能洗得比较干净，但是要用那样多的洗衣粉，消费者也觉得不合算。

经过专业广告人士的测算，汰渍洗衣粉在广告中演示产品的时候，倒洗衣粉的时间将近三秒，但是在其他品牌洗衣粉的广告中，倒洗衣粉的时间却不到 1.5 秒。就是因为宝洁在拍摄广告过程中没有发现这一个小小的问题，对后来汰渍洗衣粉的销量以及在消费者心中的形象，都造成了严重的负面影响。

如果宝洁在拍摄广告的过程中，企业和员工能够及时发现这样的问题，就不会造成汰渍洗衣粉销量大量下滑的结果了。

列宁曾经说过："要向大的目标走去，就得从小的目标开始。"小的目标如果能一个一个地实现的话，我们就能给自己信心，让自己脚踏实地，为实现最终的目标打下坚实的基础。

无论是企业的发展还是员工的成长，从长远的角度来看，都要求我们具备找出问题的能力。同时，我们只有在工作中注意培养发现和解决问题的能力，把企业那些小的问题解决好了，才能提高整个企业组织运营的能力，才能实现企业发展的长远目标。

在具体的工作过程中，很多问题都具有相似性，因此，我们要善于发现问题所在，这样可以节约许多的人力成本和时间成本。比如，如果不在处理完今天的问题之前，再深入地思考一下的话，就发现不了余下的问题，明天还要别人复查一次，这样就浪费了企业的人力资源和加大效益成本。

美国钢铁大王卡内基说过:“大凡能够为人类事业做出贡献的人,在他们的思想中装着的尽是‘问题’。他们的思维是不会清闲的,旧的问题解决完后,新的问题又接踵而至。”试问,有多少员工是这样做的呢?工作中,要做到善于发现问题其实很简单:一要了解自己的工作,也就是说,我们要知道,每天的工作要朝着什么方向发展,我们每天都具体在做什么,工作进行得怎么样,还有自己工作的进度对于企业的影响等等;二要时刻保持清醒的头脑和活跃的思维,并从企业和自身的角度出发及时和老板、同事沟通。这两种方法都不失为让我们善于发现问题的好方法。

在企业的发展和我们的日常工作中,“主要问题”是渔网中的“纲”,只有牢牢地抓住渔网的“纲”,自然就会“纲举目张”,一切问题都会迎刃而解。

3 “风起于青萍之末”

“风起于青萍之末”出自楚国宋玉的《风赋》,后来被人们用于形容各种事物的起因都是在不知不觉中暗暗地发生,最后演绎成轰轰烈烈的结果。

我们在处理事情的时候,往往只是看到了结果,却忽略了这个事情的起因,如果能够从细微处发现问题,就可以让我们能够更加充分、更加全面地认识到发展过程中所存在的问题,进而很好地帮助我们排除工作中将会遇到的障碍。

中国有句古语说得好:“天下大事必做于细,天下难事必做于易。”意思是做大事必须从小事开始,天下的难事必定从容易的做起。

20世纪50年代,某国决定组织一次军事演习。飞机刚刚离开地面就发生剧烈震动,然后就一头栽到跑道上。随着一声巨响,映入人们眼帘的是滚滚的浓烟和支离破碎的飞机残骸。

到底是什么造成了飞机失事呢？原来是飞行员衣服上的一颗纽扣，就在飞机起飞的一刹那，飞行员衣服上的一颗纽扣掉到了仪器当中，仪器不能正常运行，影响了其他部件的运转，最后导致了机毁人亡的恶果。这个事件告诉我们，天下大事，必做于细。1%的错误导致了100%的失败。

在中国，想做大事的人很多，但愿意把小事做细的人很少；我们不缺少雄韬伟略的战略家，缺少的是精益求精的执行者；不缺少各种各类的管理方面的规章制度，缺少的是一条一款不折不扣的执行能力。

在工作中，如果我们关注了细节，就等于把握了创新之源，也就为成功奠定了一定的基础。一心渴望伟大的成就，追求伟大的结果，却忽略了缔造这个伟大结果的过程。甘心平淡，认真做好每个细节，伟大的结果将不期而至。

知微而见著，可以使你抓住更多的机会，从而体现自身的价值，修复自己的人生，完善自己的品格。

知微而见著，从生活中的小事做起，你会更强大，因为成绩与荣誉是一点一滴堆积起来的。没有小的成功，哪来大的收获？

知微而见著，可以让你正确地判断出事情的正确走向，尽管“天下难事，必成于易；天下大事，必做于细”之类的道理，人们早已耳熟能详，但是，它的深刻含义往往是一般人难以把握的，因为他们不明白，浩瀚的大海是由一滴滴水融会而成，茂盛的森林是由千百棵树连接而成，骄人的战绩更是无数细小的成功凝聚而成。让我们把握生命中的细节，酝酿于细微的过程中，只有这样，你才会取得不断的成功。

员工如果想在一个企业内获得良好的职业发展，一定要严格要求自己，培养自己在工作中关注细微环节的好习惯。在自己每天的工作中都要做一个完备的规划，要勤于总结，勤于做笔记，只有这样才能更好地培养从细微处发现问题的能力。

从某种程度上来讲，从细微处发现工作中的问题并加以解决，比解决一个大的问题更有意义。因此，我们对自己的工作要善始善终，把每一个问题都解决好，在细小的地方也要要求自己做到全面细致，不马虎，这样才能成为一个优秀的员工，才能真正地体会到细节问题的魅力。

不注重细节的人，在日常工作中往往对其他注重细节的人和事也不会正确对待，比如，他们会给精打细算的人冠以“斤斤计较”、“小家子气”的称谓，对善意的提醒会恶语相加，对关系自己生命安全的问题却常抱有侥幸心理，这都是主观上未对细节重视的行为体现。

只有在思想上对所谓“细枝末节”有了足够的认识，才能对自己的行为严格要求，并在自己的思维中始终贯穿一种重视从细微处发现问题的意识，才会成为一个善于从细微处发现问题的人，并且能够从根本上把事情做得更加完美。

海尔集团曾经有这样一句激励员工的话：“要让时针走得准，必须控制好秒针的运行”。所以，在我们的工作中一定要培养严密周到的做事风格，养成从细微处发现问题的习惯，这样才能使企业顺利发展，才能使员工在工作中真正地成长起来。

4 人生最大的“隐患”是安于现状

当今社会科技进步如此之快，来自企业生产及市场的竞争压力日益激烈，这就需要企业给员工创造一种积极上进和勇于创新的工作氛围。员工如果墨守成规，思想停滞不前，就等于整个企业的停滞和退步，因此，在平常的工作中，就要求我们有不断克服惰性，不断超越自己，追求更高目标的勇气。

懒惰，是人的天性，最直接的表现就是安于现状，但是企业的发展要靠创新的举措和不断进取的超越精神。任何一家企业都不希望聘用安于现状的员工，更不希望聘用安于现状的管理者。因为安于现状就会导致企业的发展停滞不前,同时还会带来很多生产和管理上的问题,更为重要的一点,是安于现状会使企业员工没有工作激情,一个人会影响到一个办公室或者是一个班组、甚至一个车间,一家企业的管理者或员工如果满足于现状,不求上进,就会被同行业的企业打垮,被激烈的市场竞争所淘汰,在快速发展的社会中迅速地消失。

不安于现状,并不等于一定要做出惊天动地的改革,而是体现在对待具体事情的态度和工作方式上,其中包括任何一件小事情。

员工不但要把生产配件做到"合格"了,而且还要追求精益求精,追求百分之百的完美,这就是不安于现状;管理者把员工的精神面貌提高了,同时对企业自身的管理工作追求"卓越",这也是不安于现状。不安于现状要求每一个员工和管理者都能不断地提高自己的工作质量,不断地提高工作技能,并在原有的基础上做得更加优秀,甚至要有一种善于创新、永不止步的精神。

安于现状的企业表面看起来似乎风平浪静,但是往往隐藏着更加深刻的危机,因为,在安于现状的企业背后,隐藏的是缺乏危机感和进取精神的萎靡症。一家企业的发展不但要求员工要有追求更高目标的精神,也要求企业的高层管理者不能安于现状。我们要想使企业和个人实现快速成长,就需要不断地创新,不断地突破过去的自己。

美国安然集团公司曾经是一个世界 500 强企业,而且曾经位居全球排名的第 7 位。在 2000 年,其营业额已经超过了 1000 亿美元。但是,令人无法想像的是,这个曾经让世人敬慕的能源巨头,在 2004 年,几乎是在一瞬间倒塌了。美国安然集团公司的破产,在美国乃至全球工商界都产生了强烈的影响。

美国安然集团公司的总部设在休斯敦,是世界上最大的能源巨头之一,曾经被全球工商界认为是全球能源传统产业的发展典范。但是公司的董事会主席一直满足于安然发展的现状,一直认为美国安然集团公司在全球都没有竞争对手,觉得自己的管理、生产和经营没有任何问题。当然，在美国安然集团公司的发展史上的确没有人能够成为它的对手，因为美国安然集团公司一直做着能源生意，并且有着良好的管理团队，但是公司管理层的不思进取直接影响了公司两万多名员工的精神面貌。他们认为自己在世界上最著名的能源公司工作，薪金很高，待遇也不错，因此，即使在工作过程中出现一些生产上和管理上的问题，他们也不向自己的上司反映。因为他们认为，对于安然集团公司这样的企业，小问题根本不可能影响公司的整体发展。

但随着时间的推移，2004 年，美国安然集团公司的股价从一年前的 85 美元跌到了 1 美元，公司投资者的损失超过百亿美元。而且，在公司两万多名员工中，很多人连他们的退休金都拿不到。一个月以后，安然集团公司宣布破产。

虽然美国安然集团公司的破产有着众多的因素，但是在这些因素当中，安于现状的管理意识和生产意识是一个重要因素。尤其让人难以置信的是，曾经令华尔街的金融专家们长期以来为安然公司摇旗呐喊的信用问题，竟然也令投资者大惊失色——因为美国安然集团公司财务部常年以来没有准时地与银行客户和证券商执行货币往来，而令美国五大会计师事务所将安然集团公司的信用度降低至“0”，从而直接导致了安然公司的破产。

一个不安于现状的员工，虽然在一家企业中，最初会让很多老员工看着“不太顺眼”，但是，他们最后总会受到企业领导的青睐；而一家不安于现状的企业，不会放过任何一个可以让企业壮大、发展的机遇，因为管理者器重的，是不断创造新业绩的员工；市场厚待的，是不断追求新高度的企业。

一个优秀的企业，无论生产、经营、细节、目标、管理以及其他因素多么优秀，多么具有竞争力，但只要企业管理层和普通员工的内心深处，有了“安于现状”的心态，所有的成功都会化成泡影。相反，无论一家企业的生产、经营、细节、目标、管理以及其他因素多么不合时宜，如果企业的管理者和员工不安于现状、勇于创新，依然可以取得巨大的成功。

惠普的一项项发明创造都源于员工们的积极创新。公司的高层管理者非常重视善于创新的员工，对发明创新者善于鼓励和帮助，并且还有一套非常可行的办法，惠普人都将这种方法称为“戴帽子法”。

对于创新者，首先要戴上“热情”的帽子，管理者在发现有创新思想的员工后，总是先给予肯定，认真倾听，热情鼓励其想法。然后戴上“征询”的帽子，肯定员工的想法以后，管理层非常重视，会针对其研究项目提出非常尖锐的问题，对其思路进行探讨。

最后，戴上“决定”帽子，这项创新的项目能否实施，高层有关领导亲自会见创新者，经过严格的逻辑推理，对项目做出判断，最后做出结论。

就是因为有了这一整套创新的机制，惠普公司由一个毫不起眼的企业发展成为世界一流的 IT 企业，从中可以看出企业成功壮大的潜规则就是——“决不安于现状”。

由此可见，一家著名企业的进步在于不断追求新的高度，个人职业生涯的发展，取决于“不安于现状”的创新能力。

在企业创办之初，凭借一股敢拼敢赢的精神，可以及时地捕捉到一些商机。在企业慢慢地壮大以后，安于现状、夜郎自大的惰性总会成为一些创业者和管理者的弊病，从而导致企业竞争力的下降。

哈佛大学商学院的管理学教授认为，不安于现状、并努力寻找企业自身发展的瓶颈，是企业在长期竞争过程中，逐步积累形成的不同于竞争对手的能力。它可能是研发能力、制造能力、营销能力、品牌吸引力、创新能力等任何一方面的能力。

一家优秀的企业在发展过程中，形成不安于现状的核心竞争力，是需要很长一段时间的。而塑造全体员工的不安于现状的精神和勇于发现问题、提出问题、解决问题的做事之道，是一家优秀企业的管理战略的核心，这种核心管理能够保持企业在同行业的竞争优势，当然，也是企业在发展中需要大力实施的重要策略。

有的企业一年一个台阶，大踏步前进，有的企业则年复一年业绩平平，徘徊不前。两种不同的命运，归根结底是一家企业的管理者和员工满足于现状，而另一家企业则不断创新，不断前进。在现实生活中，与其安于现状被命运拖着走，不如努力进取；与其被命运牵着走，不如撒开手自己走。这就是生存的智慧。

5 躲避问题，将会错失良机

趋利避害是每一个人的天性，也是企业生存的法则。但是，有的管理者却把躲避问题当作一种趋利避害的处事方法，遇到棘手的问题，难以解决的问题，就主动绕过去，或者寻找其他的发展方式代替，或者把问题放在一边，希望问题自己消失。

也许有很多企业的管理者在放弃所遇到的问题的时候，没有想到问题的背后很可能孕育着更大的机会。而且世界上许多优秀的企业在发展过程中，发现很多机会就是在躲避问题的过程中被错失良机的。

许多世界500强企业的总裁都认为，只有企业出现问题的时候，才是企业发展的大好时机。因为只有企业遇到了很多棘手的问题，才能逼着企业的管理者去重视问题、解决问题，即使是不得不去解决，不得不去改进，也在一定程度上促进了企业的发展。

联想集团在成立之初，只是为一些国外的企业代理或加工一些电脑的配件。由于其人才、技术的限制，企业的工作效率低下，经常不能满足国外企业的需求，因而失去了许多客户。

在一次为国外著名厂商做显示器的时候，客户的要求非常严格，甚至有些强人所难。联想集团经过多次改进后，产品仍然不能达到客户的要求。当时，交货期限将至，客户发出最后通牒，到期交不了货将终止与联想的合作，并且要求联想依照合同承担相关经济责任。

为了维护客户利益和公司利益，联想集团只能在柳传志的严格监督下，加班加点地改进不合格的地方。经过全体员工的集体努力，联想集团终于在规定的日期做到了让客户满意——这不但维护了企业的信誉，更主要的是加强了双方的合作，双方的业务往来越来越密切，同时也为联想的快速成长营造了更好的外部环境。

客户的要求是一个很棘手的问题，看似无法达到，但是只要勇敢地去面对，将这种苛刻的条件当成是前进的动力，让问题逼着自己成长，再大的问题也就不会成为问题。假如放弃或者在规定的时间内不能够完成目标任务，就会在激烈的市场竞争中失去信誉，失去合作的机会。

企业要想发展，不但不能逃避问题，还要充分了解市场，主动去寻找和发现市场上潜在的问题，然后主动地去解决这些问题。只有把问题找出来，经过努力把问题解决掉，企业才能突破一个个发展的瓶颈，寻找真正意义上的发展机会。企业发展靠的是主动进取，而不是消极等待。

事实证明，只有主动寻找问题，解决问题，才能抓住问题背后更多的机会，否则，一切发展的机会都会被竞争对手抢先一步。

前面所讲的曾是全球500强企业之一的美国安然公司，最后却宣布破产，黯然倒下。其主要原因就是企业的高层领导在看到了企业机构和财务运作方式上的漏洞之后，不但没有采取应急措施，反而通过制造假业绩和虚高的利润收入来欺诈、误导股东和相关的政府部门，结果导致问题越聚越大，最后所有的问题都暴露出来，使得企业再也没有重生的机会。

当时安然公司面临的另一个难题是，公司的大部分“价值”都是来源于隐藏的债务。新的领导层虽然已经意识到这个问题及其危害的严重性，但是没有看到融资金额巨大，财务上问题重重，而且没有选择勇敢地面对这一问题。

如果及时地采取措施偿还债务，除了公司利益受到一点损害外，不会影响到企业的生存。然而，安然新上任的高层却没有制止问题，而是选择了逃避，甚至是铤而走险，企图采用模糊会计手法申报财务报表，来欺诈、误导公司的股东和投资者。这些措施让股东和投资者误以为安然公司在资金运作方式上很安全，可以安全地投资。

其实，安然公司这种巨大的隐含负债与海外投资、衍生工具相联系，想方设法制造虚假利润，以推动股价，此时虚高的股价已经危及到了股东和投资者的利益。安然公司已经被巨大的债务彻底拖垮，陷入绝境。即使公司的高层管理者做了最后的挣扎，来挽救危险的局势也为时已晚，最终安然公司不得不面对破产的现实。

所以，在企业的发展过程中，发现问题要及早地制止，采取躲避的态度只会纵容问题的蔓延，最终受害的还是企业本身，不但会因此而影响企业发展，甚至不会给企业的生存留下任何机会。

在企业的经营过程中，会遇到各种各样的问题。真正爱岗敬业的人不会去躲避问题，也不会被问题困扰而无法脱身，而是透过问题的表面，去把握问题背后的机会。因此，我们遇到任何事情都不要惧怕问题，更不要逃避问题。只有把问题当作引导我们前进的导师，我们才会拥有更加广阔的发展空间。

有句俗语说得好，“嫌货才是买货人”。也就是说对你的产品感兴趣的人，才有可能去问更多的问题，千万别把挑剔货物的顾客，当作令人讨厌的麻烦。躲避问题就相当于躲避机会。出了问题置之不理、不认真对待，企业将会因为问题的累积而陷入重重危机之中。

6　不断完善，化蛹为蝶

他是一个天生畸形的孩子，相貌丑陋，说话口吃，左脸局部麻痹、嘴角畸形、一只耳朵失聪，他的母亲为这个孩子的存在感到非常难过，母亲认为，这个孩子的一生一定非常悲惨，所以对他格外疼爱。但是，这个孩子自己并不这样认为，因为有了这些缺陷，他比别的孩子更早地懂得了人生的艰难，他比一般的孩子更加成熟，他默默地忍受着别的孩子的嘲笑，他的意志更加坚强，当那些身体健壮的孩子们，还沉迷在玩具给他们带来的快乐当中的时候，这个具有缺陷的孩子已经开始沉浸在书本当中了。通过阅读，他获得了丰富的知识。为了矫正自己由于脸部麻痹造成的口吃，他模仿古代一位有名的演说家，嘴里含着小石子，刻苦练习讲演，小石子将他的嘴唇和舌头都磨烂了。

母亲非常心疼地说："孩子，不要再练了，妈妈会一辈子都陪着你。"

懂事的孩子对妈妈说："妈妈，书上说，任何一只漂亮的蝴蝶，都必须冲破束缚它的茧，才能变成美丽的蝴蝶，我也要做一只美丽的蝴蝶。"

由于他的勤奋，后来这个孩子能够流利地讲话了，中学毕业的时候，他不仅取得了优异的成绩，而且还获得了周围人的尊敬。

母亲为他寻找工作，但是他对母亲说："妈妈，我自己能行，我要做一只美丽的蝴蝶。"

1993 年 10 月，这个身患疾病的孩子已经成长为一名博学多才、颇有建树的人，并且勇敢地参加了总理的竞选。他的对手居心叵测，利用他的脸部缺陷，在电视广告中对他进行人身攻击：广告中竟然写上了这样的广告词："你要这样的人来当你的总理吗？"

但是，当他的成长经历被媒体报道出来之后，他的奋斗精神赢得了选民们极大的同情和尊敬，他说："我要带领国家和人民成为一只美丽的蝴蝶。"

"美丽的蝴蝶"成为他的竞选口号，使他高票当选为总理，并在1997年的竞选中再次获胜，连任总理，人们亲切地称他为"蝴蝶总理"。这个身患残疾的孩子，就是加拿大第一位连任两届的跨世纪的总理让·克雷蒂安。

是的，生活中有很多东西我们无法改变，比如低微的门第、丑陋的相貌、痛苦的遭遇，这些都是我们生命中的"茧"，但有些东西则人人都可以选择，比如自尊、自信、毅力、勇气，它们会帮助我们突破命运之茧，化成美丽的蝴蝶。

在生活节奏越来越快的现代社会，要求每个人都具备很好的环境适应能力，来应对生活和工作及周围环境的不断变化，避免被竞争激烈的社会所淘汰。所以，每个人都需要不断地提高、完善自己，让自己突破命运之茧的束缚，破茧而出，变成一只美丽的蝴蝶，使自己在社会上或工作中立于不败之地。

如何才能在职场中化蛹为蝶，保持不败的工作业绩？唯一的途径就是要像"蝴蝶总理"让·克雷蒂安那样，保持旺盛的学习能力，不断学习新的知识，不断提高和完善自己。

对于知识的作用和价值，古人已有认识。"人有知学，则有力矣"，这是汉朝哲人王充的论断。近代英国学者培根也强调了同样的观点："知识就是力量。"

今天，日新月异的科技进步、不断深化的社会变革，尤其是加入WTO之后面临的新机遇和新挑战，使我们对知识与力量的关系有了新的体验，学习的重要性日显突出。

很多新毕业的大学生自感学业有成，寒窗苦读多年，但进入企业后却往往连 OFFICE 办公软件都弄不明白，连幻灯课件加声音都弄不明白，连这些基本技能都很欠缺，再谈什么专业技能更是空中楼阁了。所以说，大学毕业进入职场，这只是人生的一个新起点。人在职场中，要学的东西很多，所以谁都没有懈怠的资格，现代企业的核心竞争力，只有一条真理：善于学习的企业和组织才是最有竞争力的。

我们作为职场中的个体，不仅要保持知识的广度，适应岗位的需求，更应该在自己的职业生涯规划的基础上，明确学习的动力和方向，培养和坚持学习的毅力和心志，夯实自己的学习力。

总之一句话，既要专业专注，还要有方向和方法。我们看到时下很多白领的一个趋向，就是除了上网之外，基本什么的都不做，加班之余甚至通宵达旦打游戏，也不肯静下心来看本书，很多人一年看不了一本书，这是十分可怕的事情。

李嘉诚年近八旬，依然每天坚持看书看报，规定自己必须每周看完一本书，还要看三本杂志，这对于商务繁忙的企业家来说是十分难得的。而对于自诩为忙得要死的白领来说，称自己没有时间看书，不觉得惭愧吗？

改变是一切进步的起点，学习是促进成功的因素，可能一时半会觉得没有什么用，可是时间一天一天地过去，在不远的将来，你就会感激学习给你带来的帮助，你会觉得学习真的很有用。

提到学习，很多人首先想到的就是桌面上摆着厚厚的一摞书，面前放着考试倒计时表，为了一张成绩单拼死拼活地死背书……不可否认，那也是学习，只不过那种学习是被动的，是应试教育体制造成的学习状态。进入职场之后，这个时候的学习方法就与上学时大不相同了，因为，在这个时候，学习的范围已经远远超过书本，概念也不仅仅是理论知识，方式也不是简单地背书、看书，目的更不是为了考试。

全录公司的首席科学家约翰·西里·布朗提到，跨进 21 世纪的人类，首先要学会如何去学习，并且学会如何去喜爱学习新事物，他甚至提倡可以把打游戏的能力写入员工的简历。

在职场中的人本来压力就很大，还要拿出一部分时间来学习，这就需要对学习有一个正确的认识。首先，在职场中学习的目的，是为了不断地完善自己，是为了提升自己解决实际问题的能力，以便增强职场竞争力，学习的目的在于运用，而不是知识的堆砌。

现在的大多数企业家已经认识到加强学习的重要性，以不断提高员工自身的思想素质和业务能力为目标，要求员工扎扎实实地学习，努力做到理论与实际、学习与运用相统一，力求达到学以致用、学有所用的目的。同时我们也看到，企业已经意识到了员工学习的重要性，逐渐地在企业内部打造学习型组织，很多企业也从中得到了裨益，尝到了甜头。

广州立白集团为了推进企业文化经营战略的全面实施，采取了建立自己的企业人才培训机构的模式，设立了“立白管理学院”，采取了“公开课＋课题研讨”的方式进行，给每一个课题组配置资深辅导员。为了充分发挥人才的作用，公司还为每一位员工都量身定做了职业生涯发展规划，并根据规划具体落实员工的培训课程。

珠江物资集团十分重视员工的学习，为了激起员工对于学习的积极性，高层领导带头学习，在企业内部逐步形成追求知识和追求技术的学习氛围。此外，他们在建立健全企业的培训体系和制定系统的培训计划上也十分重视。

反复强调学习的重要性，孜孜以求科学的学习方法，应该成为上至领导层，下至普通员工的习惯。也许你在某个行业已经满腹经纶，也许你已经具备了丰富的技能，但是对于新的企业、新的环境、新的领域，你仍然需要用空杯的心态，去重新整理自己的知识，去吸收现在的、别人的、正确的、优秀的东西。

未来社会的竞争既是人才的竞争，也是学习能力的竞争。作为职场中团队成员以及独立个体，应该在自身职业生涯的规划下，不断提高自己的学习能力，把企业提供的学习机会和自身的学习计划有机结合起来，不断提高自己，只有这样，才能谈得上发展。

古人云："士三日不读书，便语言无味，面目可憎。"当前，我们正处在大变革、大调整、大发展、大融合的时代，科学进步日新月异，知识更新日益加快，新情况、新问题不断出现，对每个人的知识水平、理论修养和个人综合能力都提出了新的更高的要求，不抓紧时间学习，就难以跟上时代的节拍，适应工作的需要。所以说，学习是对人生负责的态度，是一种精神追求、一种思想境界，是提高个人文化修养的手段，只有不断地学习，才能完善自我。

7 巧用失败，无往而不胜

一个人处境太顺，便难以知道坚强的重要，难以发现自己内在的智慧。只有当你碰上困难，感受到身心所承受的压力时，才会提醒自己勇敢坚强，才会想办法从困境中超越拔出来，从而增强自己的能力。在人生道路上，我们会遇到无数个大大小小的困难，也就是这些困难成就了我们不同的人生，面对困难时的态度也决定了我们不同的未来。

当我们偶然间听到"困难"两个字时，首先大脑会不自觉地精神紧张，产生一种无形的压力和沉重感，实际上当我们细细回想时，想想以前所发生的和经历过的困难，每一个都成了我们难得的锻炼机会。常言道；机会和困难是并存的，当我们战胜困难时，我们就迎来了新的机会，打开了工作或生活中的新的篇章，同时也只有困难才能让我们成长，才能让我们积累经验，困难是我们成功路上的垫脚石，困难是我们生活中的磨刀石，只有在困难中不断地磨炼自己，才能让我们的羽翼更加丰满，才能让我们的意志更加坚强。

其实，在自然界和社会历史的限定下，人生的主宰就是人自己。失足者也好，残疾者也好，失恋者也好，落榜者也好，只要自强不息，都可以掘出生活的甘泉。可是，很多人却过不了自己这一关。他们怕自己，怕病、怕死、怕舆论，怕苦、怕累、怕吃亏，加上懒惰、急躁、拖拉、推诿等等内在的弱点和外在的困境齐相呼应，内外夹攻，毅力岂有不被瓦解之理。

要想过好困难关，首先要过好自己这一关。拿出你的勇气来，不怕天，不怕地，不管什么困难，都来吧，让我们较量一番！

有了这种不怕困难的勇敢精神，就有了征服困难的精神力量。遇到困难时，“困难”的本身并不可怕，可怕的是我们心中对于困难的恐惧。很多人之所以战胜不了困难，是因为战胜不了自己，他(她)们没有战胜困难的勇气和决心，以至于自己把自己吓倒了。

在困难面前，是否具有迎难而上的勇气，这就需要有和困难拼搏的心理准备，也有赖于依靠自己的力量克服困难的坚强决心。许多人在困境中之所以变得沮丧，是因为他们原先并没有与困难作战的心理准备，当进展受挫、陷入困境时便张皇失措，或怨天尤人，或到处求援，或借酒消愁。这些做法只能徒然瓦解自己的意志和毅力，客观上是帮助困难打倒了自己。

真正坚强的人，不但在碰到困难时不害怕困难，而且在没有碰到困难时，还积极主动地寻找困难，这是具有更强的成就欲望的人，是希望冒险的开拓者，他们更有希望获得成功。阿拉伯民间故事集《一千零一夜》里，有一个勇敢的航海家辛伯达，他每次总是去寻求那种与大自然抗争、与海盗搏斗的惊险航行，而恰恰是这些经历使他应付危机的能力大大增强，使他一次次大难不死，安全抵达目的地。

在生活和事业中，千千万万的强者，他们成功的过程，就是一次又一次克服困难的过程。诸葛亮告诉他的儿子，坚强地对待失败和鲁莽地对待失败是有区别的。坚强的人一方面不怕困难，另一方面他们又高度重视困难，冷静地、深刻地研究和解剖困难，分析它的原因，理智地寻找征服它的途径。这种明智的态度可以大大地提高克服困难的能力。有一种人面对困难，虽然具有勇气，但只是莽撞行事，横冲直撞，表面上看起来很坚强，实际上不但无济于事，有时还会导致进一步失败，最终造成无可挽回的局面，这也是不可取的。

中国有句老话："艰难困苦，玉汝于成。"困难的环境，最能磨炼人的素质，增强人的才干，对人的性格有着特殊的锻炼价值。对于困难我们不必害怕也不必回避，应以积极的态度迎难而上，在征服困难的过程中，把我们锻炼得更加坚强。只要我们不怕困难，困难就会成为磨炼我们坚强性格的磨刀石。

许多人在看到强者的成功时，羡慕不已，嚷嚷着要敢于冒风险，却对自己行动中哪怕是微不足道的一点失败都沮丧不已，这决算不上"大丈夫"的行为。想要成就大事业，就不要害怕和失败打交道，就要有勇气战胜心中那个害怕失败的阴影。

一位立志改革的人说："如果我不会出错，那么我就不是在探索。"美国有一家鼓励创新的企业，鼓励创新的内容之一就是"允许失败"。这家企业的负责人说："只要你不心甘情愿地接受错误，你就不能创新。如果你拒绝了失败，实际上你也就拒绝了成功。"这里所包含的哲理，就是胜和败的辩证法。

还有的人之所以害怕失败，是因为不懂得到底怎样才能"吃一堑，长一智"，失败除了带给他沮丧以外，没有给他带来任何东西，因而他自然而然地把失败看成可怕而又糟糕的事。

虽然失败从不会让人高兴，但一旦你学会利用它，它就会为你做出积极的贡献。比起重复过去的成功来，失败是个更好的老师。重复过去的成功，不见得使你学到新东西，而失败则肯定能给你以新的教益。

你可以从一次组织得一团糟的聚会中，学会怎样成功地组织一次聚会，你也可以从一系列失败的方案中理出比较可行、比较成功的方案。总之，只要你肯动脑解剖失败，从失败中挖掘教益，你就能更快地从失败中走出来。

坚强的性格是成就大事业的基础。这种坚强的性格的表现是，不怕挫折和失败，能够经受数十、数百乃至成千次挫折和失败的打击，而能矢志不移、不屈不挠。

强者和弱者的区别，很大程度表现在对待失败的态度上。世界上的事情往往是这样：事业未成，先尝苦果。壮志未酬，先遭失败。而且，失败常常跟强者作对。原因很简单：低的目标容易达到，弱者胸无大志，目标平庸，几乎不经过什么失败就能如愿以偿。而越高的目标难度就越大，失败的机会也自然就越多。有的人渴望成为强者，但却经受不住失败的打击。他们经过一阵子的奋斗，遭到一次乃至几次失败后，便偃旗息鼓、罢手不干了，因而最终只能和一事无成的弱者为伍。

有人认为：经受住数十、数百次失败的打击而精神不垮，大概需要钢筋铁骨般的坚强意志，一般人是难以做到的。实际上未必如此。坚强的毅力并不单纯来自忍受，而首先是来自明智和豁达。忍受失败的毅力，主要来源于对于失败的科学认识和正确评价。强者认识到没有失败就不会有成功，失败里面就包含着成功。他们把开拓新路中遭逢到的失败看作是理所当然的事，有着足够的精神准备。

施瓦辛格是2003年宣誓成为加州州长的，在此之前他是一名好莱坞的电影明星，很多中国人认识施瓦辛格，都是通过好莱坞电影——《终结者》系列。

出生于1947年的施瓦辛格早在他10岁时，就有三个梦想：成为世界上最强壮的人、电影明星、成功的商人。

他二十几岁时只身来到美国，经过苦心的锻炼，终于成为健美先生，声名鹊起，实现了他的第一个梦想。随后，在实现电影明星这个梦想的时候，施瓦辛格多次碰壁，被拒绝了无数次，但他始终坚持自己的梦想，不怕失败，在好莱坞的苦心打拼，最后终于成为众多观众的偶像。

但是，施瓦辛格从不满足于已经获得的成绩，他不断更换战场，扩充疆域。成为一个成功的商人。当他幼年时的三个梦想全部兑现之后，他还需要在人生的这部大戏中扮演更重要的角色，于是参加竞选，成为加州州长。这或许是施瓦辛格自己对“人生是一场旅途”的一种解读。

施瓦辛格的成功，在于他从来不怕失败，他认为，一次失败就是一次经验的积累，因而能在失败中看到成功的因素。

被失败所吓倒的人，与其说是害怕失败，不如说是对失败缺乏正确的认识。许多人把失败看作一种不幸和灾难，在事情刚刚开始之时，就抱有“只许成功不许失败”的想法，这不仅是不现实的，也是不明智的。

俗话说：“胜败乃兵家常事。”意思是说，做什么事都会存在或胜或败两种可能性。在行动前只做成功的打算，不做失败的准备，这只会削弱对失败的心理承受力，从而在失败面前变得十分脆弱。

所以，如果我们想要成功，那么，就要有足够的心理准备去面对失败的可能，遇到困难时，不要回避，让我们勇敢地面对困难，只有这样，才能锻炼我们的意志，增强我们的决心，积累更多的经验。因为每一次困难的打磨，都会使我们变得更加坚韧，勇往直前。

第十一章　处事有道，事半功倍

1 修养品格,魅力决定前途

在当今社会中,个人魅力是一种人品、能力、情感的综合体现,同时,个人的魅力也会影响和改变他人的心理和行为。有魅力的人,大都有很好的亲和力,有演讲的口才,并且才华横溢、妙笔生花,你和他相处时间长了会对他产生一种认同、信服和崇拜。这样的人,是人中的龙凤,他有睿智的头脑,敏锐的洞察力,他懂得怎样与人相处,使你不能、也不想对他有二心,这样的人,会使你对他产生深深的认同,你与他的距离不在于地域的远近,而是一种心灵的交融。在一个企业、一个部门中,起主导作用的应该是经理,如果这位经理无法有效地影响或团结他的下属,就很难完成领导功能,群体目标也很难实现。因此,职业经理人首先应当建立起自己的魅力指数。那么,什么样的人具有这样的魅力呢?

充满魅力的人不仅是他敏锐睿智的洞察力,更主要的是他的品格。领导实质上就是对被领导者产生影响的过程,一个成功的领导关键在于拥有超乎寻常的影响力,从而更有效地影响并改变被影响者的心理和行为。

个人的品格是这种影响力的主要来源。一个领导能否得到人们真心的拥护和爱戴,很大程度上取决于他的品格修养;同时,拥有良好的品格才能获得人们的认同,从而赋予他相应的权力,也只有良好的品格才能吸引人们的模仿和认同,这样就更容易形成团队或组织的整体性,实现有效的领导。个人的品格包含了道德和性格两个方面,丰富的专业知识和良好的口才也是个人魅力不可或缺的条件,当然,优秀的职业经理人都会树立并维护良好的个人形象。试想,一个丑闻缠身的人,是不可能树立起良好的个人形象的。

其次,个人魅力在好几个重要方面有利于自信心的建立。一个人建立自信心的重要因素,是其他人受这位常常被人赞扬的领导人的吸引,愿意与他交流,肯听他讲话,或者是让众多的下属成为领导人的“粉丝团”。不妨想象一下,如果你的领导是一位富有活力的演讲者,在演讲结束之后,许多人走向他,与他握手,而他走过你的座位时,亲切地拍拍你的肩膀,说几句暖心的话语,会产生怎样的鼓舞。这就是领导者所应有的魅力。

个人魅力能使你成为一位更强有力的领导者,富有个人魅力的人,会使你被提名进入更高领导岗位成为可能,富有魅力,可以帮助个人实施作为领导者应该做的主要工作:说服、鼓舞、影响、激励别人并且使他们接受你的观点。

在对外工作的时候,个人魅力也会起到很大作用,比如一个领导人,特别是高层经理,经常作为公司的官方代表,招待当事人或客户,你可能会想,这样的工作很简单,然而,在现实生活中,具有魅力可以使你与外界进行更有效的沟通,魅力可以帮助你有目的地影响他人。当人们认为你这个人很有魅力时,他们更有可能采取你所建议的行动步骤。

在工作中,如能很好地做到以上几点,那么对于我们个人的魅力提升将会起到非常大的作用。富有个人魅力可以增强你的形象,从而使你更加引人注目。慢慢你会发现,你的下属不再难于管理,你的同事会更加愿意亲近你,你的领导也会更加信任和重用你。

一个简单而有效的影响别人的方法,就是利用个人的魅力影响他人。通过个人魅力来领导或者影响他人,也可以通过个人魅力来传播企业文化。作为领导,你可以通过你自身的魅力来传播价值观和传达各种期望。那些显示忠诚、做出自我牺牲以及自愿承担额外工作的行为,都来自下属对于领导者个人魅力的认同。

2 人际网络，成功助缘

在总结那些成功人士的经验时，我们通常认为，成功的第一个要素是个人的素质和能力，其次是知识和经验。但是，卡耐基认为，这两项在成功的比例当中，只占15％，而其余的85％则取决于人际关系。

所谓人际关系，是指人们在各种具体的社会领域中，通过人与人之间的交往建立起心理上的联系，它反映在群体活动中，人们相互之间的情感距离和相互吸引与排拒的心理状态。和谐、友好、积极、亲密的人际关系都属于良好的人际关系，对于一个人的工作、生活和学习是有益的；相反，不和谐、紧张、消极、敌对的人际关系则是不良的人际，对一个人的工作、生活和学习是有害的。

社会心理学的调查研究表明，良好的人际关系是一个人的心理健康、个性成长和生活具有幸福感的重要条件之一，古语云："天时不如地利，地利不如人和。"学会建立良好人际关系的方法，对于我们不论是生活还是工作都会带来很大的益处，也是我们走向成功的必要条件。

某所高校电子商务专业的学生曹楠，十分崇拜马云，对于阿里巴巴也是心驰神往，在大一的时候，他就立志：毕业后一定要到阿里巴巴工作。

以后的日子里，他在学校表现很好，是班长，最后还被评为优秀毕业生，可以说相当出色。但是他的学校并不是名校，阿里巴巴并不在他们学校招生，所以他的理想很难实现，但毕业后他很顺利地进入阿里软件——阿里巴巴旗下的一家子公司。

原因在于大学期间他通过网络积累到了良好的网络人际关系。他在大一的时候就通过网络结识了很多网络高手，后来偶然一个机会他认识了一个在阿里巴巴上班的人，他建议他加入阿里巴巴员工QQ群，这里面都是阿里巴巴的员工，各个身怀绝技，由于有人介绍很容易就进入了QQ群，在以后的日子里，他在群里积极讨论，学习到了很多在课本上学不到的知识，最重要的是他和群里面的人打成一片，积攒了很好的人际关系。

毕业前夕，群里很多人向阿里巴巴公司推荐他，然后是参加面试，因为他已经积累了很多经验，面试很轻松就通过了，然后，他就成了阿里巴巴团队中的一员。

建立良好的人际关系的具体方法很多，但在日常生活中，最为主要，同时又可以有效地为每一个人所运用的有以下几个方面：

1.建立良好的第一印象。人际关系是在人们的交往中产生的。交往伊始，谁不想给对方留下一份美好的印象呢？同样，谁不想与留下好印象的人继续往来，以此作为深入交往的基础呢？我们在与别人发生最初交往时，应该怎样表现才能使自己给别人留下良好的第一印象呢？

一是要注意仪表美。人的仪表，包括相貌、穿着、仪态、风度等，都是影响人际交往的因素。人们总是倾向于觉得仪表有魅力的人更活泼愉快，更友善合群。衣着整洁、大方，仪表举止自然会给人一种亲近感，反之，过分修饰，油头粉面，浓妆艳抹，则会给人一种表里不一的印象。

二是要注意交往中的“SOLER”技术。在这里，S(SIT)代表“坐下的时候，要面对别人”；O(OPEN)表示“姿势要自然开放”；L(LEAN)的意思为“身体微微前倾”；E(EYES)代表“目光接触”；R(RELEX)表示“放松”。

心理学家发现，在社交场合，有意识地运用SOLER技术，可以有效地增加给别人的好感，更容易让接纳，给人留下良好的第一印象。

三是待人要真诚热情。一般情况下，交往双方总是先接受说话的人，然后才会接受对方陈述的内容。因此，对人讲话时，态度应该诚恳，要避免油腔滑调，高谈阔论，哗众取宠，垄断话题，否则会使人感到不愉快。

实事求是，态度热情，往往给人一种信赖感、亲近感，这有利于交往的继续深入；反之，如果言不由衷，转弯抹角，态度冷漠，则给人一种虚假、冷淡的感觉,交往很难再深入下去。每个人都需要有自我表现的机会。在初次交往中,有效地表现自己固然重要,但做一个耐心的听众,鼓励别人多谈他们自己,同样是不可少的。当然,要给别人留下良好的第一印象,还受其他许多因素的影响,比如:讲信用,守时间,文明礼貌,等等。

2.主动交往。在现实生活中,有许多人尽管与人交往的欲望很强烈,但仍然不得不常常忍受孤独的折磨,他们的友人很少,甚至没有友人,因为他们在社交上总是采取消极的被动的退缩方式,总是等待别人来首先接纳他们。因此,虽然他们同样处于一个人来人往、熙熙攘攘的世界,却仍然无法摆脱心灵的孤寂与落寞。

要知道,别人是不会无缘无故对我们感兴趣的。因此,我们要想赢得别人,同别人建立良好的人际关系,建立起一个丰富的人际关系世界,就必须做人际交往的始动者,处于主动地位。当你主动与陌生人打招呼,攀谈时;当你在舞会上想去邀请舞伴时,你会发现你的努力几乎都是成功的。当你的成功经验越来越多,你的自信心也会越来越充分,你的人际关系处境也会越来越好。

3.关心帮助别人。患难有知已,逆境见真情。当一个人遇到坎坷,碰到困难,遭到失败时,往往对人情世态最为敏感,最需要关怀和帮助,这时哪怕是一个笑脸,一个体贴的眼神,一句温暖的话语,都能让人感到安慰,感到振奋。因此,当别人遇到困难、陷入困境时,你能伸出援助之手,帮助困难者,安慰失意者,可以很快赢得别人,建立起良好的人际关系。如果对别人漠不关心,麻木不仁,小心吝啬,生怕招来麻烦,交往很可能因此而中止。

不论是在生活中或是工作中,以上几点建立人际关系的方法都是对我们行之有效的,它不需要我们付出多大的劳动,也不需要我们付出很多的时间,更不需要我们把它建立在经济基础之上。同时我们只要好好地运用以上几点人际关系的建立方法,我们就会收获一个不同的人生,我们将会收获更多的朋友,更多的关爱,更多的支持,更多的温暖与爱护。

与人打交道,可以开启你与外界丰富的资源,带来意想不到的机会。无论你是查询资料、行销产品、想换工作、找寻同好,好的人际网络都可以帮助你!

有效的人际网络依赖双方友好的互动,并且得益于有效的沟通。然而许多人都觉得会见陌生人、新朋友、开始一段谈话都非常困难。依据统计,90%以上成人对于会见陌生人都曾有过焦虑的经验,勉强的交往将彻底阻碍有效的人际网络。把握与人互动的关键在于增进你的人际沟通技巧,知道如何开始、继续或结束有趣的话题,会帮助你自如、自信地周旋于人群中,成为交友的高手。

3 冷静行事,取胜之要

所谓冷静指的是一个人在特定的场合下内心所持的一种沉稳的状态。人在突然受到某种刺激时,情绪会发生急剧变化,或焦急、或忧郁、或兴奋、或冲动,这些情绪能不能被控制,取决于人的心理素质。心理素质好的人,能够控制它以使其向更好的方向发展,表现在行为上就是临阵不乱,遇事冷静,能够做到三思而后行。

遇到事情沉着冷静,是一种做人的智慧。在平时的生活当中,有许多矛盾不是靠肢体力量、靠鲁莽行动可以解决的,而需要在冷静思考后因势利导才可化解,它启迪人们要学会用脑子。

一个头脑容易发热,发胀、甚至炮仗性子一点火就着的人,通常是谈不上有多少智慧的,当然也不会把矛盾解决得好。搞不好到最后还会被别人利用,或者火上浇油,做出对自身不利的事来。

有一个《猩猩嗜酒》的寓言故事说,有人在路旁摆了一个盛满甜酒的酒樽,并放了些酒杯。一伙猩猩见了便晓得人类的用意,坚持不去喝。可是熬了不一会儿,一只猩猩说:“这么香甜的酒，何不少尝一点！"于是各自战战兢兢地喝了一小杯。喝罢，相互嘱托说："可千万不要再喝了！"谁知，一阵酒香随风扑来，它们个个垂涎三尺，又都喝了一杯。最后，它们忘乎所以，竞相端起大酒樽狂饮起来，结果一个个酩酊大醉，所有的大猩猩都被人抓住了。

猩猩为了满足贪杯的欲望，所以被生擒活捉，究其缘由，是失去了冷静所致。如果那伙猩猩面对飘香的甜酒，能够控制住自己不嘴馋，面对甜酒，冷静处之，想必也不会被人掠去。

故事虽为虚拟，但细细品味，对那些欲望自控力差的、不冷静的人而言，还真有一些启迪作用。历数当今社会一个个因为欲望自控力差而不同程度的犯错或犯罪者，尤其是那些因为"贪"字纷纷落马的贪官污吏，他们与嗜酒的猩猩岂不是非常相似？所以，有人说：人格沦丧，是从一个"贪"字开始的！

所谓"欲火难耐，贪心过盛"，所诟病的就是这种自控力差、遇事不冷静的意志薄弱者。此外，自控力差的人还时时表现在人的情绪失控上。比如有些年轻人心浮气躁，遇到不顺心的事就急躁得很，不能很好地控制自己，不是唇枪舌剑就是拳脚相向，这都属于不冷静的处事态度。不冷静的人，心态是有问题的，古人说"心贼难防"，意思就是说心态有问题者，最大敌人不是别人，恰恰是他自己难以控制的情绪。

而人的自制力与人的性格有关。性格过于敏感的人总是想在众人面前证明自己的能力，但奇怪的是，这种人会在临场的时候其水平往往发挥得很失常。比如有的人平时有着相当不错的口才，可是到了上台演讲时，便发挥不出来了；比如有的运动员，平时成绩很好，到了重大比赛时，就发挥不好。

如果你有一个冷静而淡定的内心作为支撑，当你怀才不遇的时候，一定要泰然处之，要利用自己的聪明才智去寻找新的机遇，而不是怨声载道地挖苦别人。当你春风得意的时候，一定不要因此而忘形，你会很好地控制自己做事的分寸。事实上，上天对每个人都是公平的，许多机遇就在我们每一个人的身边，只是你没有抓住罢了。

很多时候会发生这样一种情况，当你在工作中遇到不顺心的事、不公平的对待，心中产生了不满的情绪时，第一个念头就是把这个不满情绪发泄出来，也许只有这样才觉得心中畅快一些。可是，很多现实的教训告诉我们，如果这样盲目地发泄一通，很多问题并不能得到解决，而情况反而会变得更加糟糕。不仅得不到名，得不到利，弄不好还会口出诽谤之词，惹来许多是非，仅图一时之痛快，自以为得逞，其实给自己造成的损失往往比忍一时之气的损失大得多。

如果遇到令人难以忍受的事情，最好用冷静的态度对待这一不利的处境，把它看成是对自己毅力、品德、品质的综合考验，不要让自己时刻处在风口浪尖之上，是能够忍耐住不平之气的关键所在。

如果换一种心态，也许你会发现，这个世界上并没有什么难忍的事。试想，如果连最起码的人际关系都无法处好，又怎能谈得上干什么大事业呢？只有忍耐克制自我的欲望，才能最后获得胜利。这也就是古人讲的“小不忍则乱大谋”。

冷静是源自于内心的力量，冷静是一种人格的修养。修养好的人，就能自觉地克己和律己。受到挫折时，不至于唉声叹气；获得奖赏时，不至于忘乎所以；有钱有权时，不至于趾高气扬；待人处事时，不至于浮躁轻狂。

冷静并非软弱，也不是故作姿态，而是审时度势，不轻佻，不张狂。常见有人一语不和便面红耳赤，吼叫如雷，这种人貌似强大，其实头脑简单，底气不足，是不堪一击的；即便是自己手上有了百分之百的真理，也会因其不能冷静而使天平滑向对方的一边。

头脑冷静而又有礼貌的人，既有风度又有力量，诸葛亮凭借冷静和智慧，巧设空城计，六出祁山，七擒孟获，决胜于千里之外；毛泽东虚怀若谷，指挥若定，率领红军爬雪山，过草地，四渡赤水，长驱两万五千里，胸中自有百万雄兵。

很多人都有不冷静的毛病,但人是可以改变的。冷静的心态要靠平时日积月累的苦修,不冷静的毛病也要靠平时一点一滴地克服。生活中应注意加强学习,重视自己的作风、道德的修养,时刻用冷静来“约束”自己。

箭在弦上,在猎物还未到达最佳射程时,通常引而不发,得益于冷静;敌人临近,然而却尚未进入指定伏击圈,屏息静气、按兵不动,得益于冷静;别人用手指着自己的鼻尖,但此时还有一些回旋的余地,因此,便不急不恼,亦应视为冷静。

冷静的心态,它会使你更有修养,人生更有品位,使自己的道路越走越宽。

4 退一步,海阔天空

做人无疑应该坚守内心的原则,坚守心灵深处的高贵,不能因为屈服于压力或贪图物质利益的享受,就轻易地妥协甚至出卖自己的良心。然而,在个人的名利或物质利益受到损害,或是个人利益与他人利益发生矛盾时,如果能大气地退让一步,则不仅不是懦弱,反而是一种大忍之心的体现。

古希腊神话中有一位大英雄名叫海格力斯,一天,他走在坎坷不平的山路上,发现脚边有个袋子似的东西很碍脚,海格力斯踩了那东西一脚,谁知那东西不但没被踩破,反而膨胀了起来,不断地扩大,海格力斯恼羞成怒,操起一条碗口粗的木棒砸它,那东西竟然快速长大,直到把路都给堵死了。正在这时,山中走出一位圣人,对海格力斯说:“朋友,快别动它,忘了它,离开它远去吧!它叫仇恨袋子,你不犯它,它就会缩小到当初那个样子。

你如果侵犯它，它就会膨胀起来，挡住你的路，与你敌对到底。

其实我们也在经常犯着和海格力斯一样的错误，遇到矛盾时，不愿意吃亏，步步紧逼，据理力争，死要面子，认为忍让就是没了面子、失了尊严，最终只能使得矛盾不断地升级，不断地激化。

其实，忍让并不是不要尊严，而是成熟、冷静、理智、心胸豁达的表现，一时退让可以换来别人的感激和尊重，避免矛盾的加深，岂不更好？社会就像一张网，错综复杂，我们难免与别人有误会，要善待恩怨，学会尊重你不喜欢的人。

记得这样一句话："心是一个容器，当爱越来越多时，仇恨就会被挤出去。"在自己原本装满了仇恨的胸膛里装满宽容，那样就会少一份怨恨，多一份快乐，也才会赢得更多的尊重。明白了退一步海阔天空这个道理，一定可以拥有更加开阔的心境，可以做出更加睿智的决策。

人生百态，各有所爱，你爱吃鱼，他爱吃鸭，虽然嗜好各不相同，但如果安排大家一桌共食，各自也都吃到了自己喜欢的东西，何乐而不为，又何必强求别人一定要吃自己喜欢的东西？

如果我们能够承认品质各自有异的客观存在，便会对彼此的互异感到快乐，你有你的思维方式，我有我的人生见地，若能互相学习，彼此宽容，就能一团和气。转换思维，用你的博大胸怀去包容万物，退一步海阔天空，到那时，你会感到"明月装饰了你的窗子，你装饰了别人的梦"，自有一种出人意料的美，一种意想不到的奇迹。

凡事均有长有短、有阴有阳、有圆有缺、有利有弊、有胜有败，更何况是千变万化的人生！在处理争端与矛盾之时，又为何不多想一下：处世让一步为高。那些邻里纷争，亲友反目，静下心来，仔细想想，会觉得有点可笑甚至荒谬。

在中国古代有这样一个故事：清河人胡常与汝南人翟方进在一起研究经书。后来胡常先做了官，名誉却不如翟方进好。胡常为此在心里总是嫉妒翟方进的才能。当与别人议论时，总是不说翟方进的好话。

翟方进听到这些事之后没有以牙还牙，而是想出了一个退让的方法。每当胡常召集门生、讲解经书时，翟方进就主动派自己的门生到胡常那里去请教疑难问题，并且诚心诚意、认认真真地做好笔记。时间长了，胡常就明白了这是翟方进有意推崇自己，于是内心十分不安，以后就不再贬低而是赞扬翟方进了。翟方进有意退让的智慧使他与胡常化敌为友了。

我国有一句古话说得好："让一步海阔天空，争一步头破血流。"不要让仇恨掩盖了你的品德，不要让怨恨损害了你的形象。

林肯在竞选总统前夕，在参议院演说时，遭到一个参议员的羞辱，那参议员说："林肯先生，在你开始演讲之前，我希望你记住自己是个鞋匠的儿子。"

林肯非常高兴地说："我非常感谢你，使我记起了我的父亲，他已经过世了，我一定记住你的忠告，我知道我做总统，无法像我父亲那样，能把鞋做得那么好。"

参议院陷入了一片沉默。这时候，林肯转过头来，对那个傲慢的议员说："据我所知，我的父亲以前也为你的家人做过鞋子，如果你的鞋子不合脚，我可以帮你改正它。虽然我不是伟大的鞋匠，但我从小就跟我的父亲学会了做鞋子的技术。"

然后，他又对所有的参议员说："参议院的任何人都一样，如果你们穿的那双鞋是我父亲做的，而他们需要修理或改善，我一定尽可能地帮忙。但有一点可以肯定，他的手艺是无人能比的。"说到这里，参议院里所有的嘲笑都化作了真诚的掌声。

有人批评林肯总统对待政敌的态度太过暧昧："你为什么试图让他们变成朋友呢？你应该想办法打击他们，消灭他们才对。"

林肯笑着说："我们难道不是在消灭政敌吗？当我们成为朋

友时，政敌就不存在了。"林肯总统消灭政敌的方法，就是将他们变成自己的朋友。他也因此两度被选为美国总统。

让我们学会宽容，用爱来充满内心，善待怨恨，退一步，海阔天空；忍一时，风平浪静。在别人犯了无心之失时，说一句"没关系"；在别人触犯到自己的利益时，说一句"我不介意"；在与别人的观点发生分歧时，说一句："这没什么。"

别小看这寥寥数语，却可以化解多少人世间的纷争！当你退一步时，就会看到天的无边，海的无限，让我们去享受那"退一步海阔天空"的神清气爽吧。

5 有诚信，讲原则

诚实守信是中华民族的传统美德，诚实守信是立身之本、做人之道，我们必须从小培养。诚实，即做人老实，言行一致，以真诚的言行对待他人，严格要求自己，不说谎话；守信，就是要有责任心，言必信，行必果。这是我们做人的基本准则。试想，如果大家不讲诚实，不守诚信，不讲原则，尽说假话、空话，弄虚作假，我们的世界一定会乱成一团糟。

放眼世界 500 强，没有一个是靠"坑、蒙、拐、骗"成长起来的，相反，都是向着长远目标，以质量、服务为基础，在真诚满足客户需求的同时也赢得了企业的长远发展。

目前，中国的企业平均寿命只有 3 年左右，那些半路"夭折"的企业，往往是以"赚钱"为唯一目的，到处行骗，所谓骗得了一时，骗不了一世，骗局迟早会被拆穿，企业也只有关门大吉了。作为公司的一员，要在工作中讲诚信，讲原则。对于工作中存在的问题与有待改善之处，不能瞒天过海；只有我们每一个人认真对待工作中的不足，并加以分析、改善，我们的工作才能做得更好。

对于违法违规现象，不能听之任之，和稀泥，做老好人，而要讲诚信，讲原则，让不良行为没有容身之地。尤其重要的，是从自身做起，以诚信原则为基础，以公司兴旺为己任，做好协调配合，才能和企业一起走向成功。只有大家都讲诚信，讲原则，关系才会和睦，企业才会兴旺，社会才会和谐、进步。

一个顾客走进一家汽车维修店，自称是某运输公司的汽车司机。“在我的账单上，多写一点零件，我回公司报销后，有你一份好处。”他对店主说。但店主拒绝了这样的要求。顾客纠缠说：“我的生意不算小，会常来的，你肯定能赚很多钱！”店主告诉他，这事无论如何也不会做。

顾客气急败坏地嚷道：“谁都会这么干的，我看你是太傻了。”

店主发火了，他要那个顾客马上离开。说到这里，那个自称司机的顾客脸上露出满意的微笑，他满怀敬佩地握住店主的手说：“我就是那家运输公司的老板，我一直在寻找一个固定的、信得过的维修店，你还让我到哪里去谈这笔生意呢？”

还有一个事情，假如有人问你：“洗过七遍的盘子，与洗过五遍的盘子有什么区别？”

你一定会说：“好像区别不大。盘子洗七遍还是洗五遍，能有什么区别？”但是，这个问题却发生在一个留学生的身上。

在日本，打工洗盘子有个不成文的规矩，那就是洗七遍。一个中国留学生在国外留学，给饭店打工洗盘子。他洗盘子挣的钱总比其他人多，大家向他求教“秘诀”时，他就是这样说的：“洗过七遍的盘子跟洗过五遍的盘子有什么区别？”这个事情看起来虽然很小，但却体现出一个人的品行。

乍一看，似乎小题大做，细一想，如果轮到你，一个在没有监督的情况下擅自降低工作标准，像这样不讲原则与诚信的人，你敢用吗？

由上海市政协社会和法制委员会组成的课题组，曾对上海社会诚信问题展开调查。结果显示：有 44.2%的受访者认为，人与人之间的诚信状况下降了，诚实守信在一部分人心目中成为“无用的别名”，甚至有 90.2%的受访者认为诚实守信在不同程度上会吃亏。

“诚实守信”是中国的传统美德，为何在有些人眼里却成为“无用的别名”？做人诚实守信真的就会吃亏？这些问题发人深思。

古训云：“诚实守信，践诺履约；言必信，行必果”。可见“诚实守信”不但是传统美德，还是一个人的处事准则。

陶四翁，南宋时杭州钱塘人，以开染坊为生。一天，有人来推销染布用的原料紫草，陶四翁并不怀疑，就用四百万钱买下了那些紫草。不久，一个买布的商人来店里进货，看见了这些紫草，便告诉陶四翁说这些都是假的。

陶四翁大吃一惊，还有些不相信。商人教了陶四翁一些检查紫草的方法，陶四翁照商人说的一试，果然都是假紫草。这时商人说没关系，这事包给我了，假紫草仍然可以用来染布，价钱便宜点拿到市场上去卖掉就行了。第二天，商人再来进货，陶四翁却没有一匹染布，他还当着商人的面把那些假紫草全都烧了。对当时并不富有的陶四翁来说，真的是十分难能可贵。

陶四翁宁可自己受损失也不去坑害别人，用高尚的品质影响了他的儿子们，他们一家人都秉承着“诚实守信”的原则做生意，最后成为大富商。

孔子早在 2000 多年前就教育他的弟子要诚实。在学习中，知道的就说知道，不知道的就说不知道。他认为这才是对待学习的正确态度。而我们当前的社会却出现了诚信危机，弄虚作假、投机取巧的风气甚嚣尘上，就像“造假学历”、“问题奶粉”、“造假论文”，这些东西虽然可能会赢得一时的经济利益，但最终却落得个身败名裂的下场。

作为职场人，首先要学会营造个人的职场诚信，以自己的诚信来赢得更多的认可与发展. 个人诚信，并不仅是指诸如诚实、守信、不弄虚作假等软诚信，还包括对于工作的认真负责的态度，能否更好地完成工作等。个人诚信的完善与发展，还要与企业诚信有机地结合起来，作为职场中人，不要再一味地抱怨企业或管理层不诚信，应从自身做起，做一个真正的职场诚信人！

每一个人都应自建“诚信档案”，日查三省，不要让自己在生活的各个领域留下“信用污点”，决不拿“信用身份证”做赌注。

6 与其自夸，不如人夸

做个谦逊的人，实际上就是让自己做一个被人们认同和喜爱的人。做一个谦逊的人就要戒除骄矜。因为具有骄矜之气的人，大多自以为能力很强，很了不起，做事比别人强，看不起别人。由于骄傲，往往听不进去别人的意见；由于自大，则做事专横，轻视有才能的人，看不到别人的长处。

骄矜对人对事的危害性是很大的，这一点，古人认识得十分清楚。一代名君唐太宗曾对侍臣说过：“天下太平了，自然骄矜奢侈之风容易出现，骄矜奢侈则会招致危难灭亡。”

鲁哀公十一年，在一场抵御齐国进攻的战斗中，右翼军溃退了，孟之反走在最后充当殿军，掩护部队后撤，进入城门的时候，他以鞭子抽打马匹，说道：“不是我敢于殿后，是马跑不快呀。”他这样做是为了掩盖自己的功劳。从另外一个方面说，大丈夫立身处世，不矜功自夸，可以很好地保护自己。

> 韩信是汉朝的第一大功臣：在汉中献计出兵陈仓，平定三秦；率军破魏，俘获魏王豹；攻下代，活捉夏说；破赵，斩成安君，捉住赵王歇；收降燕；扫荡齐；历挫楚军。连最后垓下消灭项羽，也主要靠他率军前来合围。

司马迁说:“汉朝的天下,三分之二是韩信打下来的。”但是,韩信却不懂得功成身退的道理,功高震主,本来已犯大忌,再加上他又不能谦虚自处,看到曾经是他的部下的曹参、灌婴、张苍、傅宽等都分土封侯,与自己平起平坐,心中难免矜持自傲。樊哙是一员勇将,又是刘邦的亲戚,每次韩信访问他,他都是“拜迎送”,但韩信一出门,就会对跟随的人说:“我今天倒与这样的人为伍!”韩信的话传到樊哙的耳朵里,樊哙自然很不高兴。

韩信就这样因为自恃功高,一步步走上了绝路,最后被吕后设计害死,也绝不是偶然的结果。

唐代的杜审言,是杜甫的祖父。唐中宗时做修文馆学士,为人恃才自傲,曾对人说:“我的文章那么好,应该让屈原、宋玉来做我的衙役,我的字足以让王羲之北面朝拜。”杜审言太自不量力了,所以被人们所嘲笑。这样的骄傲自夸之词,只是给后世徒增笑柄而已。

现代文学史上,鲁迅、郭沫若、朱自清头上的桂冠很多,但没有一顶是他们生前自封的,都是后代人为了纪念他们的突出艺术成就而追加给他们的称号。当前的文化界和学术界,不少人为了给自己“加冠”奔走呼号,或买通媒体,摇旗呐喊,或者是自封大师,或者是学术抄袭,文凭注水,造成这种状况的种种原因,导致了“盛名之下,其实难副”。

文学巨匠老舍曾说过这样一句名言:“骄傲自满是我们的一座可怕的陷阱;而且,这个陷阱是我们自己亲手挖掘的。”

古往今来,真正有实力、有水平、有底蕴、有心胸、有风骨的文人学者是非常谦逊的。

孔子是我国古代著名的大思想家、教育家,学识渊博,但从不自满。他周游列国时,在去晋国的路上,遇见一个孩子拦路,要他答对问题才让路。

孩子问:“鹅的叫声为什么大?”

孔子答道:“鹅的脖子长,所以叫声大。”

孩子说:“青蛙的脖子很短,为什么叫声也很大呢?”

孔子无言以对,他惭愧地对学生说:“我不如他,他可以做我的老师啊!”

还有一次,孔子驾车去了晋国。又见那个孩子在路当中玩耍,挡住了他们的去路。

孔子说:“你不该在路当中玩耍,挡住我们的车!”

孩子指着地上说:“老人家,您看这是什么?”

孔子一看,是用碎石瓦片摆的一座城。

孩子又说:“您说,应该是城给车让路还是车给城让路呢?”

孔子觉得这孩子很会讲道理,又懂得礼貌,便问他叫什么名字,孩子说:“我叫项橐,7岁!”

孔子对学生们说:“项橐7岁懂礼,他可以做我的老师啊!”后来孔子绕道而行。将7岁的孩子称作老师,足见孔子的谦逊。

古希腊的著名哲学家苏格拉底,不但才华横溢著作等身,而且广招门生奖掖后进,运用著名的启发谈话启迪青年智慧。每当人们赞叹他的学识渊博、智慧超群的时候,他总谦逊地说:“我唯一知道的,就是我自己的无知。”

被人们称为“力学之父”的牛顿发现了万有引力定律,在热学上,他确定了冷却定律。在数学上,他提出了“流数法”,开辟了数学上的一个新纪元。他是一位有多方面成就的伟大科学家,然而他非常谦逊。对于自己的成功,他谦逊地说:“如果我的见地比笛卡儿远一点,那是因为我站在巨人的肩上的缘故。”

他还对人说:“我只像一个海滨玩耍的小孩子,有时很高兴地拾到一颗光滑美丽的石子儿,可是,真理的大海还是没有发现。”

十九世纪的法国名画家贝罗尼,有一次到瑞士去度假,但是每天仍然背着画架到各地去写生。有一天,他在日内瓦湖边正用心画画,旁边来了三位英国女游客,看了他的画,便在一旁指手画脚地批评起来，一个说这儿不好，一个说那儿不对，贝罗尼都一一修改过来，末了还跟她们说了声“谢谢。”

第二天，贝罗尼有事到另一个地方去，在车站看到昨天那三位妇女，正交头接耳不知在议论些什么。过一会儿，那三个英国妇女看到他了，便朝他走过来，问他：“先生，我们听说大画家贝罗尼正在这儿度假，所以特地来拜访他。请问你知不知道他现在在什么地方？”

贝罗尼朝她们微微弯腰，回答说：“不敢当，我就是贝罗尼。”三位英国妇女大吃一惊，想起昨天的不礼貌，一个个红着脸跑掉了。

现代人最大的问题，就是骄矜之气盛行，骄傲自大的人，不肯屈就于人，不能忍让于人。做领导的过于骄横，则不可能很好地指挥下属；做下属的过于骄傲则会不服从领导；做儿子的过于骄矜，眼里就没有父母。

记得一位哲学家说过这样一句话：自夸是明智者所避免的，却是愚蠢者所追求的。真正的明智者之所以不会自吹自擂，因为他觉得宇宙广大，学海无涯，技艺无穷，终其一生，也不能洞悉其中的全部奥秘。而一切平庸之辈，满足于一知半解，满足于点滴成绩，他们用富丽堂皇的话语装饰自己，以讨得廉价的喝彩。人们所尊敬的是那些真正有才而内心谦逊的人，而决不会是那些爱慕虚荣和自夸的人。如果一个人喜欢自大自夸，看不起他人的工作，就会连自己的功劳也守不住。

第十二章　处世方略，外圆内方

1 先听后说，明智选择

周末去朋友家聚会，大家的讨论都定格在来年的学习计划上。突然有个朋友说，她来年的第一个功课，就是要学会不再打断别人说话，让别人把想说的话说完了，再表达自己的想法。听了这个话，在座的各位都很意外，心里想：这么简单的事情难道还需要学习？

这位朋友又说："以前领导召集大家开会的时候，多少次我们都在抱怨，怎么还没结束呢？总是不自觉地去打断，或者思想走神，根本没有深刻理解老总的意思，结果做了很多无用功，又去不停地与领导沟通，解释自己的意思，其实都是因为自己一开始就没有听明白领导的意思，才有后来的沟通不畅。"

的确，这种情况在职场中很是常见，很多人都会觉得沟通是一件很难的事情。随着工作频率的加快，我们不再愿意接收太多不需要的信息，总是显得行色匆匆，因为太忙，就连说话都变得十分简短。

在很长一段时间内，人们将"说"当作主要的沟通方式，在吵架的时候，我们放任心情地说，表达自己的愤怒；别人对自己不理解的时候，我们在绞尽脑汁地为自己辩说；想对父母尽孝心的时候，我们把自己的心意说给父母听。因为"说"更快、更直接，但大家却忘了了解别人的想法。

沟通就好像一条水渠，首先是要两头通畅，要先弄懂别人的意思，再说出自己的想法和观点，才能谈到有效地沟通。曾经听过这样一个关于听的故事。

一个知名的主持人在访问一个小男孩时，好奇地问："你长大后想做什么呢？"

小男孩毫不迟疑地回答说："我要当飞行员。"

主持人接着问："如果有一天，你的飞机在天空中引擎熄火了，你会怎么办？"

小男孩认真地想了想说："我会先告诉所有人绑好安全带，然后我会挂上降落伞跳出去。"说到这里，周围的观众哈哈大笑，可是，有经验的主持人却接着问："为什么要这样做？"

这时，小男孩说："我要去拿燃料，我还要回来救他们。"

如果主持人就这样打断他与小男孩之间的谈话，这个小男孩就会给人留下一个很不好的印象，也会被人以惯有的思维判定为："这孩子将来长大了，也是一个自私的家伙。"

如果说严重一点，这件事也许会给孩子的心灵造成严重的伤害。可是，当主持人给了小男孩一个解释的机会时，我们却发现了孩子的真挚情感。就在孩子说完了这句话以后，全体观众都报以热烈的掌声，大家对小男孩的态度也是一百八十度的大逆转，为小男孩的勇敢与真诚感动着。

在职场中也是这样，无论你是老板还是中层管理者，都要给别人一个机会，让别人享有解释的权力，这样做，会让对方觉得你重视他的意见，至少给他讲话的机会。

如果你在听取对方汇报的时候，非常认真，不断地鼓励他："你说得很好，请继续说。"这样，对方就会从你的态度中得到鼓舞。你也可以认真地说："这很好，再详细谈谈"，或者说："我在听呢，还有什么看法？"用这样的词汇，对方就会把心里想讲的话全部讲出来。

如果你想让对方放下警戒，畅所欲言，你就要切实地为对方着想，比如你可以说，"我能够想像得到你是怎样的感受"，"我很感激你这么坦诚"，"我并没有想到你是那样认为的"。这样温和的态度，可以让他感觉到他正在被理解、被尊重。

可是，在现实生活中，很多领导会用这样的口吻对下属说，"不要给自己找理由"，"这不能成为借口"，或者说"没做好，再怎么解释也没用"等刻薄尖锐的话来激怒对方，这样做的结果不但不会把事情处理好，反而会激化矛盾。

如果你换一种口气，结果就会迥然不同。比如你可以说，"这套方案确实很复杂，你能在这么短的时间内赶出来，压力一定很大”，“这个项目真的不容易，如果换了我亲自来做，我也不会一次做好”。

通过这些话，可以尽量平复对方不痛快的情绪，让对方能够静下心来，和你一起寻找解决方案。同时，这样做也为你表达自己想表达的不同观点做好了铺垫。

在很多时候我们都需要认真聆听，比如上司给你布置任务时，你要认真听他的要求，这样你才能最大限度地避免走弯路。再比如，别人对你有意见的时候，你也需要认真聆听别人的意见，因为你在很多时候或许并不能清醒地认识自己，当你打断别人来辩解时，对你缺点的改进是毫无益处的。

更常见与更必要的聆听，是当一项工作出现问题时，千万不要因为你的愤怒而剥夺了别人解释的机会，因为这样做你只能火上浇油，不能解决任何实际问题。

在很多时候，你通过认真聆听对方所说的话，理解了对方想要表达的意思，但是，理解并不代表认同或者被对方说服，对于有必要坚持的观点，你必须坚持，并有技巧地说服对方接受，让对方明白这是基于工作和公司的需要。这就像在电影《闻香识女人》中，那个年轻人虽然总是安静地站在一旁，聆听那个顽固老头所发泄的所有愤怒话语，但是这并不代表那个年轻人认同他所说的话。在聆听之后，年轻人尽自己最大努力改变了倔强而绝望的老头。所以，你在聆听之后，最重要的是要表达你自己的观点。

当你表达完自己的观点时，或许对方不会很容易地接受，这时，你要想方设法让对方觉得你所说的改进目标是比较容易达成的，这样才不会让对方产生心理压力。通常情况下，你可以说：“有什么问题随时找我沟通，我会尽力帮助大家。”这样的语言一定能够让对方感觉出你对他的支持，尽管他也许不会真的来找你，你也不知道该怎么帮助他。但是，你这么说，至少可以让对方在心理上感觉到踏实和温暖。

其实，听别人说话可是一门艺术，就像杜拉拉所说的：“聆听很重要，听比说更高级。聆听是一个动作，更是一种态度，你用心地听，能让对方觉得你重视他的意见，至少给他讲的机会。”先听懂别人的意思，再说出自己的主张和观点，才是有效的沟通。所以，职场人先别忙着说，做一个先听后说的人，才会让沟通无障碍。

2　以退为进，绕路前行

众所周知，世人大多提倡“知难而进，迎难而上”，然而，事实并不全是这样的，在很多时候，面对困难，闻风而逃的人当然是懦夫，敢于直面困难，战胜困难，不畏艰险的人是勇士；而遇到困难，会权衡利弊，能屈能伸，避其锋芒而击其软肋的人，才可以称之为智者。

所谓懦夫，也许只配当一个逃兵。他们并不是有组织、有目的地“避开”，而是慌忙之中的“逃避”，这是理应遭到唾弃的。至于勇士，往往迎着困难，甚至冒着枪林弹雨，也要向着目标冲锋。然而一味冒进，却不看清形势，会蒙受巨大的损失。即使时来运转，功成名就，也难免“杀敌一万，自损三千”。这种做法，并不值得提倡。

如果以上所述的都行不通，而你又不甘于平庸的话，也许你该试着去做一个智者。所谓智者，就是要看清形势，力不能及的事不做，能够做得到的，巧妙地去做。

遇到困难，他们不会猛烈地冲击，而是选择绕路而行，就像水遇到巨大的礁石，水就会绕路而行，虽然几经曲折，却终究流向大海。

委婉、机智会更有利于做人处世。遇事绕路而行是为人处世之道，尽量避免正面和人发生冲突，学会婉转、退让是一种智慧，避免冲突，绕路而行可以让事情有所转机。

春秋时期，南方的吴国和越国之间经常发生战争，在一次战争当中，吴王夫差的父亲被越军射死在阵前。夫差为了给父亲报仇雪恨，在吴国苦苦练兵，两年之后，吴国的大军打败了越国，最后把越国君臣围在会稽山上。

越国国君见大势已去，只好派大臣文种去向夫差求和，愿意投降，同时又遣人暗地贿赂夫差的大臣伯嚭，请他在夫差面前讲情。结果夫差答应了越国的求和，但是要勾践到吴国做奴仆。

勾践把国家大事托付给文种，自己带夫人和大臣范蠡到了吴国。夫差让他们住在他父亲坟墓旁的石屋里，给他喂马。勾践非常顺从，不但喂马，夫差坐车出门时，还恭顺地给夫差牵马，夫差病了，他亲自侍奉，为了给夫差诊断病情，甚至亲尝夫差的大便。勾践在吴国过了两年奴隶生活，后来，夫差认为勾践真心归顺了他，就把他放回越国去了。

勾践回国后，立志报仇雪耻。他怕安逸的生活消磨了斗志，就用干柴草当褥子，还在吃饭的地方挂了一个苦胆，每逢饭前，先尝尝苦胆的味道，还问自己："勾践，你忘记耻辱了吗？"

勾践亲自参加耕种，王妃亲自织布，用以鼓舞百姓勤劳耕作。他改革内政，发展生产，积蓄力量，希望自己的国家尽快富强起来。

此时的夫差骄傲极了，勾践为了麻痹他，经常给他进贡各种财宝，还选了一个叫西施的绝色美人献给他，夫差非常满意，对西施极为宠爱，而他此时对勾践完全丧失了警觉。他手下的大将伍子胥屡次劝他，他不但不听，反而讨厌伍子胥，最后干脆派人给伍子胥送去一把宝剑，逼迫伍子胥自杀了。

又过了几年，越国暗中强大起来，勾践一看时机成熟，就向吴国大举进攻，夫差被逼得走投无路，这时才想起伍子胥的劝告，简直后悔极了。他说："我没有脸去见伍子胥。"然后用衣服遮住自己的脸，拔出宝剑自杀身亡了。而越国的国君勾践却成了春秋时代的霸主。

如果勾践在兵败之后，被围困在会稽山的时候，不是选择以退为进，而是盲目地突围，越国就会真的灭亡，他以后称雄的愿望也就难以实现了。所以说,当陷入困境时,以退为进也是一种人生的智慧。

在吴越之争中,除了越国国君勾践和吴王夫差之外,还有一个重要人物就是范蠡,范蠡在越国国君委身于夫差的马棚为奴的时候,他始终陪伴在勾践的身边,在勾践忍辱复国的过程中,始终为勾践出谋划策。当越国灭了吴国以后,范蠡被尊为上将军。

可是,功成名就的范蠡却在人生的高峰悄然隐退,与西施一起泛舟齐国,变姓名为鸱夷子皮,带领儿子和门徒在海边结庐而居。

再说越国另外一个功臣文种,他在国君和夫人双双到吴国为奴的艰苦岁月里,代理国君主持朝政,领导全体国民励精图治,恢复生产,立下了赫赫功劳。吴国被灭之后,范蠡引退的时候,曾给文种留了一封信,范蠡在信中说:"飞鸟尽,良弓藏;狡兔尽,走狗烹。"

文种见了范蠡的书信之后,称病在家,不再入朝,但是,他也犯了功高盖主的大忌,危险已经悄然而至。朝中谣言四起,说文种要犯上作乱。

越王听说文种在家装病,更加深了他对文种的忌惮,于是,命人给文种送去一把剑,同时让使者对文种说:"文大夫的阴谋兵法,能够在顷刻之间消灭敌国。文种大夫的九术之策,只用了三策,就已经把强大的吴国消灭了,剩下六种谋略还在大夫您的手中,希望您能到我的父王那里去,利用您这六种谋略,帮助我父亲对付吴国前朝的那些国君!"

文种听了使者的话,终于相信了范蠡的话果然不错。可惜,文种晚了一步,他已经没有别的办法,只好伏剑自杀。

再说范蠡,因为懂得功成身退的道理,离开越国之后,来到齐国,范蠡具有敏锐的商业头脑,没有几年,范蠡就又积累了数千万家产,并最终成为齐国主持政务的相国,可谓成功实现了

“二次创业”，但是，他并不以积聚钱财为目的，每当他的财富积累到一定数量的时候，他就把所有的财富都分给百姓。

范蠡一生，将自己的财富“三聚三散”，因此，后人为了纪念范蠡，就把他当成了“财神”，修庙祭祀。

通过越国君臣的故事，我们可以得出一条结论，越国国君勾践之所以能够等到机会，一举消灭了夫差，范蠡之所以能够全身而退，都得益于“以退为进”，而文种虽然谋略盖世，却因不懂进退之道，最后连性命都无法保全。

相比之下，做一个智者比做一个强者更容易成功，而且也少了很多风险，中国古代有一个和尚叫契此，他曾经做过一首非常有名的诗：

手把青秧插满田，低头便见水中天；

心地清凉方为道，退步原来是向前。

当我们遇到困难的时候，暂时避开强敌，并不是懦弱地逃跑，有很多时候，向后退两步，是为了在后退中积聚力量，为的是向前进一步。

3　待人以善，凝聚人心

在《三国演义》第六十回中，有这样一段耐人寻味的故事：

益州牧刘璋为了对付张鲁，派张松到曹操那里去求援，结果曹操的态度非常傲慢。张松碰了一鼻子灰。在他返回西蜀的途中，遇到刘备带领诸葛亮、庞统等人，隆重欢迎。张松回到益州之后在刘璋面前，把刘备大大夸奖了一番。刘璋听了张松的话，决定派法正去荆州邀请刘备入川，帮助他对付张鲁。

法正来到荆州之后，递上刘璋的书信，刘备当时虽然没有立足之地，但是见到刘璋的邀请，却再三推辞。不肯入川。他的军师庞统看到刘备这样的态度，心中非常不解。问刘备为什么要这样做？

这时候,刘备说了这样一番话:“今与吾水火相敌者,曹操也。操以急,吾以宽;操以暴,吾以仁;操以谲,吾以忠,每与操相反,事乃可成。若以小利而失信义于天下,吾不忍也。”

在这寥寥数语中,道出了刘备的成功之道。当年刘备起兵之时,身份低微,又没有什么惊人的武功,他的成功就靠他的宽厚和仁慈,当这种品质成为刘备的招牌时,自然会吸引到许多人才为他效力,他的政治资本就是这样炼成的。

中国有两句成语,“上善若水”,“厚德载物”,这两句话教导人要效法自然之道,像水一样刚柔并济、有容乃大,不断提高自己人生修养的境界。

与人为善,是一种积极而有意义的行为方式,它可以为自己创造一个宽松和谐的人际环境,使自己有一个发展个性和创造力的自由天地,并享受到一种施惠于人的快乐,有助于个人的身心健康。

与人为善,可以给我们带来愉快的心情,还可以给我们带来身体上的健康。研究表明,人的心理活动和人体的生理功能之间存在着内在联系。良好的情绪状态可以使生理功能处于最佳状态,反之则会降低或破坏某种功能,引发各种疾病。美国耶鲁大学病理学家对7000多人进行跟踪调查,结果表明,凡与人为善的人死亡率明显较低。现实生活中,有些人不讨人喜欢,甚至四面楚歌,主要原因不是大家故意和他们过不去,而是他们在与人相处的时候,总是自以为是,以自我为中心,对别人百般挑剔,随意指责,人为地造成许多矛盾。

大千世界,芸芸众生,我们一生能与多少人相识甚至相遇,能够有缘相遇、相识,哪怕是一面之缘,都是一种福分,更别说几年、几十年在一起生活、工作,那更是百年修来的福分。因此,与人为善,真诚地善待我们生活中有缘相识的每一个人,应该是每个人都格外珍惜的一件事。

在很多时候,尽管商业竞争残酷无情,但是有时也需要表现出一种真挚的温情。因为,实在来讲,你怎么对待别人,别人就会怎么对待你。

有的经理人会欣赏一个商业上的朋友并真心想帮助他做一件实事,这是对以前接受他的帮助的回报。所以请你在别人遇到困境时,热情地伸出援助之手。

在职场上，尽可能地做一个与人为善的好人，这样，当你在工作上不小心出现纰漏，或当你面临加薪或升职的关键时刻，会大大减少别人放冷箭的危险。

在工作中，有的人常把他人为自己所做的事和自己为他人所做的事记录下来，以便有机会“扯平”，其实这样做是很不明智的。如果为别人做好事，只是为了以后的偿还，那么反而会令他人觉得你不易相处。作家巴尔扎克说：“灵魂要吸收另一颗灵魂的感情来充实自己，然后以更丰富的感情回送给人家。”人与人之间要没有这点美妙的关系，心灵就没有生机，它缺乏空气，它会难受枯萎。

《世说新语》中有这样一个故事：

有一次，荀巨伯千里迢迢去探望一个生病的朋友，刚好碰上外族敌寇攻打那座城池，朋友劝他赶快离开。荀巨伯说：“我远道而来看望您，您却要我离开，败坏道义换得生存，这难道是我荀巨伯做得出来的事情吗？”敌人攻城的时候他都没有离开。城池陷落后，敌寇进了城，敌军的首领发现荀巨伯还在这里。

他很奇怪，就问他：“我们大军一进城，城里的人都跑光了，你是什么人，竟敢留下来？”

荀巨伯回答道：“我的朋友生了病，我不忍心丢下他一个人，如果你们非要杀他，我愿意用我的命来抵换。”

敌寇听后内心大受震动，相互议论说：“我们这些不讲道义的人，却侵入这个有道义的地方。”于是就撤军了，整个城池也因荀巨伯一个人道德的力量得以保全。

孟子曾经说过：“君子莫大乎与人为善。”善待他人的最高原则就是对别人的尊重，凡事要从对方的角度来考虑，“己所不欲，勿施于人”，如果你能遵从这个原则，你将获得许多好朋友、好伙伴的协助。始终如一地从善意的立场出发帮助别人，关心别人，就必须超越金钱、才智甚至地位上的差别，一视同仁地尊重并维护每一个人的基本利益和自尊心。

与人为善并不是为了得到回报，而是为了让自己活得更快乐。有这样一个故事：说是一个人做了一个试验，他早晨上班来到办公室的时候，对周围的同事笑了一下，没想到，却带来了意想不到的效果，他的上司看到他时对他也笑了一下，他的上司可是从来没笑过的人呀。这个人这一天的心情特别好，平时那种冷冰冰的感觉没有了，周围的人都很亲切。就因为他早晨的那个笑，感染了身边的其他人。

也许你目前的工作并不顺心，发现公司里有很多人跟你过不去，你正在准备跳槽，换一个公司，如果你正面临着这样的处境，那么我们不妨先来做一个测试。

从现在开始，你每天早晨走进办公室的时候，对身边所有的人都笑一下，然后，默默地打扫办公室的卫生，在你去饮水器那里接开水的时候，顺便帮你相近的同事把开水倒好。

切记，心中不要对别人有任何期待地把这件事坚持下去，再过一个月，你会发现，原来你在公司里的人缘，并不像你自己估计的那么糟糕。如果公司在这个时候测评，也许你会得一个连自己都意想不到的高分。

可见，善待他人，是任何人所必须具备的品质，在当今这样一个需要合作的社会中，我们只有善待别人、帮助别人，才能获得良好的社会关系，从而获得他人的愉快合作。

良好的人际关系不单单是行动上做出来的，更是从心底里流出来的。在人际交往中要以诚待人，用心和他人交往。对人多一份理解和宽容，善待他人就是善待自己。

4　圆融处世，清白做人

我们在公司里经常听到这样的感叹："公司真是黑暗，小人当道，会干的不如会说的，会说的不如直接拍马屁的！"在职场中，发出这种牢骚话的人屡见不鲜，很多人把自己在公司中的人际关系紧张归罪于自己做人太正直了。

可是，他们往往想不到，难道所有的问题都是别人的吗？难道自己做事一点责任都没有吗？造成这样的局面，是否与自己缺乏变通有关系？是不是因为自己做事情太呆板，所以才会导致人际关系僵硬？如果是这样的话，那么我们是不是也有必要改变一下，做一个“圆滑的老实人”呢？

说起“圆滑”这个词，想必很多人会有反感，不喜欢这种“圆滑”，其实，圆滑是一种变通的智慧，圆滑绝不是老奸巨猾。

古代有一位书法家叫做王僧虔，年轻时就写得一手好字，他书法的名气很大，成为海内名家。他书法的名气传到了齐高祖萧道成的耳中。齐高祖也是一个非常爱好书法的人，当了皇帝之后，对书法的兴趣丝毫不减。

齐高祖召王僧虔入朝，并提出要与他进行一场书法比赛，王僧虔只得从命。君臣二人各自挥毫，书写完毕，太祖十分得意地问：“朕与爱卿书法，谁是第一？”

王僧虔不假思索地回答说：“臣书第一，陛下亦第一。”

齐高祖心里明白，自己的书法是远远比不上王僧虔的，他想，这个王僧虔是有意曲意奉承，心中有些不快。于是他又反问道：“第一就是第一，怎么会有两个第一？”

王僧虔不慌不忙地说：“臣的书法在所有大臣中数第一，陛下书法在历代帝王中数第一。”

经他这样一解释，齐高祖又觉得似乎不无道理，忍不住哈哈大笑起来，说：“爱卿可真会说话，既不失之自信，又不得罪人，真可谓善自为谋啊！”话语中流露出对王僧虔这种应变能力的嘉许。

从社会交往的能力和适应力的角度看，为人适当圆融，是一种良好的社会交往能力的体现。他们往往对所处的环境和他人的感受有着极其敏锐的判断，会根据当时的处境说出在当时最该说的话，做出在当时最该做的事情。这种人通常在各个方面都适应得比较好,能够很快投入到一个全新的人际环境当中。

但是,人与人之间的交往说到底还是需要心与心之间的交流的。所以我们在处事圆融的同时,一定要记住一个根本:为人诚实,诚信为本。做个圆融的老实人,就是要做个处事灵活而心态成熟的人;就是要在人际交往中保持适度的弹性,把握说话的分寸,学会婉转和含糊,以保持平衡的人际关系;重视生活中的应酬,通过一些生活和工作的细节树立好的人缘;同时又与朋友进行真正有价值的交往,在日常生活中建立起深厚的友情。

在工作当中,对不同类型的同事应采取不同的策略,还要让你的顶头上司了解和喜欢你,与上级保持良好的人际关系,以便于更好开展工作。面对想要干的事,则既要执著,又要学会变通,学会保护自己的利益,明智地推脱掉与自己不相干的事。而且一定要为人善良,避免伤害到别人。

口不择言、冲口而出,这种随时都可能“得罪人”的方式并不一定说明一个人的品质有多么高尚,这样所谓的“清高”之人也经常招致别人的讨厌。

圆融不等于狡猾,正直也不一定非要通过迂腐的、抗争的方式来表现。总的来说,凡是能成就大事的人必须要有圆融处世的性格才行,如果遇到和自己意见不一致的人,就和人家争得面红耳赤,这样的人终究不会有所成就。

毛泽东同志说过一句话:“我们不但要团结和我们意见一致的同志一道工作,而且要善于团结那些和我们意见不一致,并且被实践证明是错误的同志一道工作。”这句话明确地指出了处世之道,做人可以有自己的原则,但是在处理事情上一定要学会圆融。

身在职场,偏执和退避都是失败的种子,坚持自我的同时,也要学会放弃自我的偏见,“放弃偏执,不退不避”就是成功的开始。面对职场中的斗争,真正的明智之举是在相互平等的前提下,尊重每个人的个性,承认别人的创造成果,不做自以为是、唯我独尊的“另类”,刚柔并济,有张有弛，变通地坚守自己的原则。

为人处世圆融的人，能够尊重别人不同的看法、思想、言论、行为，懂得尊重别人的选择，给予别人自由思考和生存的权利。圆融的人能够承认他人存在的作用和意义，能被他人所理解和接受，也就容易为集体所接纳。

圆融的人能用自己的乐观情绪感染别人，赢得大家的喜爱和认同。圆融是一种修炼，是一种体悟。待人处世自我克制，当自己处在不利地位或危难之时，懂得退让一步，避其锋芒，当重新占据主动位置时，必须懂得放低姿态，谨慎从事。

5　真有大材，何惧小用

在职场中，很多人都有这样的经历，认为自己学历高，有才华，可是，就是运气不好，得不到老板的重用，认为自己是一匹千里马，却被放在了平庸的岗位上，被“大材小用”了，于是心里很委屈，开始混日子，不求上进，常常在一些场合宣泄自己的不满，甚至还把跳槽挂在嘴边。其实，即使是真的“大材小用”了，也大可不必这样消极，因为从古至今，“大材小用”之人有很多，但是他们并不因此而沮丧，反而在“大材小用”的情况下，给后世留下了许多可歌可泣的动人事迹。

南宋著名爱国词人辛弃疾，少年时曾拜当时著名的田园诗人刘瞻为师，并和党怀英成为好朋友。他们两个都是老师的得意弟子。有一次，刘瞻问他们两人道：“孔子曾经要学生谈各人的志向，我也问问你们将来准备干什么？”

党怀英回答说：“读书为了做官，为了取得功名，光宗耀祖。我一定要到朝廷里去做大官；如果做不了官，就回家隐居，学老师的样子，写田园诗。”

刘瞻听了很高兴，认为党怀英的志向高洁。问到辛弃疾的时候，辛弃疾却回答说："我不想做官，我要用词写尽天下的贼，用剑杀尽天下的贼！"刘瞻听了大吃一惊，要辛弃疾今后不要再说这样荒唐的话。

此后，辛、党两人的生活道路截然不同：金人南侵之后，百姓民不聊生。辛弃疾组织了两千多人的队伍在故乡起义。而党怀英则混入金人的统治集团，成了一个帮闲。

后来，辛弃疾率领的起义军接受南宋朝廷任命，与朝廷的军队配合作战，打击南侵的金军。辛弃疾虽然在征战中功勋卓著，但是，由于受到投降派的排挤和打击，辛弃疾后来曾长期闲居在江西上饶一带。

直到1203年春，才被任命为绍兴府知府，兼任浙江东路安抚使。这一年，辛弃疾已经64岁了。当时，著名的爱国诗人陆游就在绍兴闲居。辛弃疾到任不久，就去拜访了这位前辈，两人在一起议论国家大事，大有惺惺相惜、相见恨晚之意。陆游听了辛弃疾对形势的分析，认为他是一个很有才能的人，希望他在事业上能够取得更大的发展。

次年春天，宋宁宗降下圣旨，要辛弃疾到京城临安去，征询他对北伐金国的意见。辛弃疾把这件事告诉陆游，陆游觉得这是辛弃疾施展才能的机会，为他感到高兴。为了鼓励辛弃疾，陆游特地写了一首长诗赠给他。陆游称赞辛弃疾，是具有管仲、萧何那样匡扶社稷才能的人物，可惜，现在只授给浙江东路安抚使这样一个小官职，实在是把大材用在小处，同时，陆游还鼓励他，为恢复中原而努力，千万不要因为受到排挤不得志而心存不满。只可惜，辛弃疾并没有像陆游期待的那样，得到大展雄才的机会。可惜，在66岁那年，这位一生都被"大材小用"的爱国英雄，就在忧愤中离开了人世。

通过辛弃疾的故事，我们不妨想一想自己，我们今天在职场上的命运，远比辛弃疾幸运得多，我们虽然没有他那样的才华，但是，我们恭逢盛世，即便是职场风云险恶，绝不会有性命之忧，即使我们暂时没有得到重用，但是，也许还有翻身的机会。

所以说，我们大可不必为暂时的得失感到难过。如果你确实认为自己比较有能力，一定要让公司了解你，你必须寻找机会，展现自己的过人之处；要知道，在此之前你和其他的同事没有两样；你要把你的“使用价值”展现出来，这样才能脱颖而出，卓尔不群。

大材小用，也正是考验小材是否真能成大器，而日后真能“大材大用”的关键期。也就是说，真正的聪明之材，是能够看得到每一个学习契机，而把握机会充实自己，尽早成为可用之材的人。

怎么才能找到这样的契机呢？其实，这样的好机会在工作中无处不在。

有一个才上班没几天的年轻人，老板急着要你把一份公文带到财务部，并且在那儿等着，请经办的主管帮忙破例先盖章，再把公文尽速带回。聪明的你一听，就知道这个任务太棒了！因为它就是一连串的学习及锻炼机会。

首先，你可以更了解公司的部门位置——原来工程部和研发部在同一层楼，而财务部和人力资源处则在另一楼。然后，你有机会去建立人际关系，平常没事去其他部门拜访，人家可能会有些莫名其妙，但这会儿你可是因公造访，可以冠冕堂皇地拜个码头，拓展职场人脉。谦恭有礼地自我介绍一番，并请对方多指导照顾。另外，试着多了解对方，从对方的多年经验及工作职责谈起，会让这份人际关系更为深刻而有意义。最后，你可以熟悉业务流程。再者，这份重要的公文落在你手上，机会难得，除了可以了解一下公文该如何撰写，更该仔细研究一番，像这样的档案在公司内部的作业流程是如何运作的，原来是需要这么多部门会签，下回再经手，办理起来就能轻车熟路了。

此外，这个任务的重头戏，就在于如何说服对方，愿意破例特别帮忙，优先处理你的请求。照理说，公文旅行总要个两三天，你这个新进来的新手，要想请对方主管当下就“马上办”，当然得发挥过人的人际技巧，这个时候你该怎么说呢?试试看这样开口:“经理,我知道您工作繁忙,责任重大,照理说,这公文应该排队等您审核的,但是因为现在有了突发情况,因此上司要我拜托您,请您破例帮个忙,是不是方便能先帮我们看看,好让这个对公司影响重大的案子能够顺利进行。真不好意思,我才刚进公司,应先多跟您请教才是,要不是情况紧急,上司又交代,是不该打扰您工作的。就请多帮帮忙,好吗?”

如果你能成功地完成这个不可能的任务,不但会令对方和上司刮目相看,更会让自己吃下一颗定心丸。因为只要能学会沟通,你就离“卓越”不远了,成为可用之材,自然是指日可待。

现在,职场中越来越多的人认为自己是被“大材小用”了,因为现在随着就业竞争的加剧,人才的使用标准也是水涨船高,有一些单位已经公布了“非博士不用”的用人标准。所以,在现在任何一家公司的普通工位上,不知道有多少个博士、硕士在默默地埋头工作。

很多人认为自己是高学历的人才,自己心中的理想与现实差距实在太大,感觉自己大材小用,于是,整日郁郁寡欢,一副不得志的样子。久而久之,不但工作做不好,连性情都变得古怪了。这样的人通常都会频繁地更换工作,然后不断地抱怨,再寻找所谓的下一个新机会。在不知不觉中,他们进入了一个怪圈,最终将一事无成。然而,大才有时须小用。

长久以来,社会上普遍衡量“才”的标准是学历,学历的确能反映出一个人的才学能力,但也不是全部。现在的学士、硕士、博士误以为自己手上的证书就是“硬通货”、“敲门砖”,他们普遍认为,应该把自己放在更重要的岗位上,拥有更大的权力,做所谓的“大事”。一旦让他们从小事做起,他们就误以为自己“英雄无用武之地”。

有一位博士毕业后,自以为学业有成,比较有身份和地位,没想到他拿着博士学位证书去找工作,却四面碰壁,找了几个月依然处于待业状态。慢慢地,他也发现了一个秘密:面试者拿着他的证书看了看,然后礼貌地摇摇头。他也感觉到,如果自己的能力还没展现出来,没有哪个企业愿意出高价雇佣他。于是他放下了姿态，拿着本科文凭去找工作；没想到很快就上岗了。不久老板发现他的能力远非本科生可比，于是他适时地亮出了自己的硕士证，老板就给了他硕士待遇。又过了一段时间，老板发现他的能力比普通硕士还要高一等，这时候他才亮出了自己的博士证。

任何一项工作，都需要我们主动发挥自己的才智，让自己英雄大有用武之地。正是越来越多的"大才"进入中小型企业，做着越来越小的事情，全社会的效率才在大幅度地提升，进而创造出更多的价值与财富。不要认为自己的文凭高，就一定是价值大，其实决定你价值的，是你的经验和能力，你只有给企业带来了贡献，你才具有价值，才可能为企业所重用。

许多职场人士就是放不下自己的高姿态，以为自己学历高，比别人更具有优势，就轻视自己手头的工作。其实，现在企业中，大家所做的事之间差异很小，学历优势很难体现出来，如果不从自己的工作能力上着手，不提高自己的"使用价值"，反而还竞争不过低学历的工作者。有时，原本看似浪费生命的琐碎任务，其实充满着无数的学习契机。

6　审时度势，顺势而为

世上有许多事从理论上是行得通的，但是时机未到，就不能勉强而为，若要强求，硬攻、硬拼，反而会弄巧成拙，甚至功亏一篑。也有的时候，时机虽未到火候，但是，经过巧妙的运作，促使时机成熟，可以得到事半功倍的结果，这就是审时度势者之所为。在职场上，审时度势，顺势而为也非常重要，如果能够恰当地掌握这个尺度，在做任何事情的时候都会游刃有余；相反，则会处处掣肘。

经常有这样一些人，品性耿介，一心为公，遇到不公、不平之事总是挺身而出，但是，这样的人往往不能得到重用；相反，也有一些人，别看能力不强，但是，却能够"审时度势"，能揣摸他人的心理，恰到好处地满足领导的欲望，因此，常常跃入龙门。

所以说，在职场中，“审时度势”的能力表现为人的洞察力、决策力、运筹力和前瞻性。凡是具有这些品质的人，一般不会感情用事，能够把握得住事物发展的本质。这样的人做事往往能先想到事情的结局，胸有成竹，然后着手去做，这样就能够做到“运筹于帷幄之中，决胜于千里之外”。

有这种能力的人，在决策时，能够准确地把握客观形势；能够依据主观具体条件制订相应的对策；能够对决策的各种方案进行比较，以便择优而从。

汉高祖刘邦就是审时度势的高手，在秦朝时，他不过只是一个小小的泗水亭长。秦二世统治时期，由于横征暴敛，严刑峻法，致使民不聊生，农民起义的风暴此起彼伏。就在这时，刘邦执行一个特殊的任务，为县里押送一批农民去骊山修建皇帝的寝陵。大家都知道，此去必死，所以，在中途有很多人逃走了。

按照当时的法律规定，如果中途有人逃跑，就连押运的官员也要受到处罚，即使到了骊山也会被处死。刘邦对当前的形势审时度势，干脆走到大泽就停了下来，把剩下的所有农民都放了。并且对他们说：“你们都走吧，我从此也要逃跑了。”

这些农民感激刘邦，愿意跟他在一起，从此刘邦也拉起一支起义队伍。刘邦就是靠着他对局势的正确判断，不仅消灭了暴虐的秦朝，而且经过与项羽的征战之后，取得了最后的胜利，成为汉朝的开国皇帝。刘邦的成功，得益于他对形势的正确判断。

审时度势是人的社会性成熟程度的标志。看问题不会局限于自己鼻子下的一点，懂得利用一切可以利用的机会。在当今的职场上，爱打官腔、卖弄风情、见风使舵、投机取巧、喜欢出风头的人大有人在，这样的人大事做不来，小事不愿做，吹牛拍马，巴结上司，竭尽谄媚之能事。他们在职场中，地位虽然不高，但势力却很大。这种小人，如果他们做得不太过火，大可不必去理他们。但最好能在表面上与他们和平共处，尽量与这种人搞好关系，充分利用他们接近领导的特长，为你所用。几句奉承的赞美,几次善意的微笑。这些对于你的品德无碍,但对你的职业升迁、个人机遇和成长有着重要的作用。遇到他们故意作弄人时,只要不是原则问题,最好不与小人一般见识,当然适当的时候,你也可以反击一下,因为这种人一般都欺软怕硬。

在职场中,同事与同事之间有很多事情都不会直截了当地当面对你讲,但你可以从他们的行动中看出很多问题来。如何判断自己在职场中是否已经陷入孤立无援的处境而不自知?这里有几个判断标准和解决方法,仅供参考。

1. 周末同事们约好一起去郊游,却没有告诉你。这表明他们不喜欢你,或是不认同你。你可能与上司太亲密,以致脱离了群众,大家怕你出卖他们。抑或你的工作十分出色,常被上司表扬,引起了同事的嫉妒。

解决方案:最好尽快与同事拉近关系,他们的活动不想让你参与,很有可能是对你心存戒心。不然你在工作中,就只能孤军奋战了。

2. 办公室的同事常在一起窃窃私语,你一走近时他们就不说了。这表明他们有可能在议论你的隐私,你与上司的关系是否很暧昧,是否有上司的隐私被曝光,你的私生活和化妆、着装上有什么不检点之处?

解决方案:检查自己的私生活是否引起了别人的误会。当然最有效的方法也可以单独请其中一位和你关系较密的人喝茶,以了解他们议论的焦点何在,尽快解决这些问题。

3. 你的同事都在背后诋毁你,你自己却没发现有什么过错,上司还常常表扬你。这表明你在办公室是个很能干的个人英雄主义者,缺少与同事的配合和沟通。

解决方案:办公室是一个集体,单枪匹马地去抢功,必然会遭到背后的冷箭。这样下去,你很快就会陷于孤立无援的地步,从此要学会低调做人,凡事谦和退让才是上计。

每个人所处的社会环境是复杂的、多变的,一个人不仅要适应它,而且还要改造它。为此,环境变,你就要变,就要灵活,就要敏捷,就要大胆,不仅要发挥自身的一切优势,积极地利用一切可以利用的力量,为我所用。

7 保守机密，三缄其口

西方有这样一句谚语："假如你把秘密告诉了风，风就会把你的秘密告诉给整片森林。"

这句谚语的意思就是，人不要轻易地泄漏自己心中的秘密，如果你愿意把一个秘密告诉给一个人，就不能防止这个人将这个秘密告诉给所有的人。

如果你不想自己在无意中泄漏公司重要的商业机密，如果你不想在职场中到处传播你的隐私，那就请牢记一点：三缄其口，永远把你的秘密藏在心中，一直藏到它不再成为秘密的时候为止。

可是，现实的情况恰好相反，很多人都有一个共同的毛病：肚子里搁不住心事，有一点点喜怒哀乐之事，就总想找个人谈谈；更有甚者，不分时间、对象、场合，见什么人都把自己的心里话往外掏。如果遇到的人是正人君子也就算了，如果遇到小人，再把你说过的话添油加醋地宣传出去，轻则遭受非议，重则身败名裂。如果恰是公司的商业秘密，那么，受到的损失，也绝不是你一个人所能承担的。

小张是一个公司的销售人员，公司刚刚生产出一种专利产品，准备投放市场。由于这种产品是新产品，所以价格比较高。另外有一家竞争对手，他们生产的产品虽然不是最新的，但是由于销售多年，拥有稳定的客户群体和价格优势。

有一天，小张刚刚从某地出差回来，他已经在A市做了市场调查，准备将公司的产品发到A市，占领A市的市场。可是，在此之前，A市一直销售的都是竞争对手的产品，如果小张将自己公司的产品销往A市以后，竞争对手的市场就会受到巨大的冲击。

就在这个时候，小张在街上遇到了自己分别多年的高中同学，老同学多年不见，自然格外亲切，老同学请小张去了一家高档酒店。酒过三巡之后，两个人分别谈了自己的工作近况，同学说他一直在学校里教书，没有小张这样丰富的工作阅历，希望小张详细地介绍一下自己的工作。小张听了老同学的话，就把自己去A市出差的经历一五一十地讲给老同学。

让他万万没有想到的是，第二天，他就接到了A市经销商的电话，他们说，小张公司的竞争对手以更为优惠的价格给A市所有的经销商都发了货，目前，对于小张公司销售的这种新产品，大家都说暂时不需要订货了。

小张非常奇怪，不知道是哪里出了问题？竞争对手怎么会这样详细地摸清楚他们的销售网络？后来，小张突然发觉，自己的老同学好像有点问题，因为在他们见面的时候，他总是引着小张多介绍一下A市的销售情况。原来，他的那位老同学，就在竞争对手的那个公司里担任市场部经理。

小张知道了事情的真相之后，真是既后悔又无奈，但是，他给公司造成的损失，已经无法挽回了。所以说，在职场中，三缄其口，不仅可以保全自己，同时也可以保全公司的利益不受损害。

除了商业机密之外，还有一些话题带有危险性，例如，你在工作上承担的压力与牢骚，你对某人的不满与批评，你对某事的意见，当你痛快地倾吐这些心事时，有可能以后被人拿来当成和你竞争的有力武器。否则，终有一天，它会成为别人要挟你的把柄，到最后追悔莫及。

罗曼·罗兰说："每个人的心底，都有一座埋藏记忆的小岛，永不向人打开。"

马克·吐温也说过："每个人像一轮明月，他呈现光明的一面，但另有黑暗的一面从来不会给别人看到。"

因此，无论是办公室、洗手间还是走廊，只要是在公司范围内，都不要谈论私生活；不要在同事面前表现出和上司超越一般上下级的关系；即使是私下里,也不要随便对同事谈论自己的过去和隐秘;如果和同事已成了朋友,不要常在其他同事面前表现太过亲密;对于涉及工作的问题,要态度公正,在合适的场合拿出独到的见解,不拉帮结派。

有些同事喜欢打听别人的隐私,对这种人要“有礼有节”,碰到你不想说的话题时,就要礼貌而坚决地说“不”,千万不要把分享隐私当成打造亲密同事关系的途径。

同事也是由形形色色的人组成的,都有着善良和平常的心计。我们不妨学着换位思考,站在同事的角度想一想,也许更能理解为什么有些话不该说,有些事不该让别人知道。

全面地看待问题,会有助于你权衡什么该说,什么不该说。

保护隐私,一来是为了让自己不受伤害,二来也是为了更好地工作。不过,有时,拿自己的缺点自嘲一把,或和大家一起开自己的无伤大雅的玩笑,会让人觉得你有气度,够亲密。

李响刚入职场时,怀着很单纯的想法,像大学时代对朋友无话不说一样,常将自己的一些经历与想法毫不设防地对同事讲。李响工作不久,就因出色的表现成为部门经理的热门人选。可他曾无意中告诉同事,他的父亲与董事长私交甚好。于是,大家对他的关注就集中在他与董事长的私人关系上,而忽视了他的工作能力。

最后,董事长为了显示“公平”,任命一个能力和他差不多的职员为部门经理。可见,如果他保护好自己的隐私,也许就能得到这个升职的机会。老板们都欣赏公私分明的员工,敬业不仅意味着勤奋工作,更意味着以大局为重,不把私事带到工作中来。

同事毕竟是工作伙伴,他们不可能像家人那样完全地包容你、体谅你。通常情况下,同事之间保持一种平等、礼貌的伙伴关系就可以了。每一个人都有自己的心事,一般总是那些令人不快、痛苦、悔恨的往事。比如,恋爱的破裂,夫妻的纠纷,事业的失败,生活的挫折,成长中的过去……这都是自己过去的事情，不可轻易示人。

遇到情投意合的朋友，你心里自然十分高兴，随着时间的推移，你们的感情日益深厚。一天酒后，你把隐藏在心底多年的秘密告诉了他，这充分显示了你的真诚。你相信他不会做出伤害你的事，也许还能帮助自己解决其中的部分疑难。可是不久，你们因为观点的分歧，而发生了争吵。第二天……要知道，再好的朋友，一旦你们的感情破裂，你的秘密将尽人皆知，受到伤害的人不仅是你，还有秘密里牵连到的所有人。

真正聪明的人从来不轻易让别人看出他有多大的智慧和勇气，因为他们知道，要不断地培养他人对你的期望，不要一开始就展示，甚至都不要展示你的全部所有。要对自己真正的“心事”三缄其口，这样，你才能在生活中不受伤害，在工作中游刃有余。

第十三章　曲中取直　韬光养晦

1 委曲求全，忍辱负重

老子说："曲则全，枉则直；洼则盈，弊则新；少则得，多则惑。"意思委曲便会保全，屈枉便会直伸；低洼便会充盈，陈旧便会更新；少取就会获得，贪多便会迷惑。这就是"委曲求全"的道理。曲、枉、洼、弊、少等物理世界的道理，表现在人类活动中，则集中体现了委曲求全的意义。委曲求全，是一种勇气，更是一种智慧！

《三国演义》有一段"煮酒论英雄"的故事，当时，刘备落难投靠曹操，为防谋害，韬光养晦，曹操则想窥探刘备的内心。于是，一天，曹操在许昌九曲河畔青梅煮酒，与刘备对饮，评论当时天下英雄时，刘备佯装糊涂，列举袁绍、刘表、袁术、孙策、刘璋等当时风云人物，曹操一一否定，最后，曹操把酒说道："今天下英雄，唯使君与操耳，本初之徒，不足数也！"

曹操想借酒的热情撬开对方心中的秘密，并以此抒发自己的人生感慨；刘备则慑于曹操的势力，极力掩饰自己的宏伟抱负和政治情怀，假装闻雷失惊，掉了筷子，表示胸无大志，终于骗过曹操。

刺猬在身处顺境时拱着小脑袋，凭借着满身的硬刺，横冲直撞，当它身处险境时，则缩回脑袋，把自己团成一个刺球，让敌人无隙可击。能伸能屈，与其说是生物界的一种智慧，不如说是一种生存本能。伸是进取的方式，屈是保全自己的手段。

人生在世，都是在反复伸屈的状态中走过来的，在生活事业处于困难、低潮或逆境、失败时，若去运用"屈"的智慧，往往会收到意想不到的效果，反之，该屈时不屈，必然会受到沉重打击，甚至生命难保。

华子良是小说《红岩》中的人物，他是一名优秀的共产党员，因叛徒出卖而被捕。被捕后，在国民党的监狱中被关押长达14年之久；为了不暴露自己的身份，华子良在狱中装疯，整日神情呆滞，蓬头垢面，无论刮风下雨，总在白公馆放风坝里坚持小跑，特务看守认为他是被吓傻了，便都叫他“疯老头”，从此看守们对他比较放心，常常让他随看守去磁器口镇上买东西，行动比较自由。但是，他从来都没有忘记自己的使命，时刻牢记支部的决定：“千万把握机会，一定要逃出去！”他在等待时机。

1947年8月18日，华子良又跟随看守去买菜。早就精心策划好逃跑的华子良趁着看守打麻将的机会，假装上厕所，然后大大方方地走出门去，一到特务视野之外，他立即飞奔，穿街过巷赶到嘉陵江边，找到一只小木船，迅速地过了嘉陵江。他靠着天天在白公馆跑步的锻炼，日夜兼程，经过45天的长途跋涉，终于到达了解放区。

从这个革命者的身上，我们可以看出，有时候，“屈”是为了实现更大的理想，藏锋本是蓄志。委曲求全，看似委屈，实则可以保存实力，只有保全自己的生命，才会保有理想未来，俗话说：“留得青山在，不怕没柴烧。”

能屈能伸是识时务的人，在当今的社会中，总能求得最大的生存空间，他们就像弹簧一样伸屈自如。有才干本是好事，在恰当的场合显露出来是十分必要的，但是带刺的玫瑰最容易伤人，也会刺伤自己。

要知道，能屈能伸是一种自我保护、自我实现价值的生存之道。忍一时之委屈，为的是最终达到自己的目的。有些时候，忍耐刚强直率的性格与对手巧妙地周旋，是斗争中的良策。相反，以硬碰硬，会让自己吃大亏。

明代冯梦龙在其著作《智囊》中，认为人与动物一样，当其形势不利时，应当暂时退却，以屈求伸，否则，必将倾覆以至灭亡。委曲求全，韬光养晦，貌似软弱退缩，实则积蓄实力，加速进展，最终转败为胜。

2　锋芒易损，刚强易折

在现实生活中确实存在着这样一种自视颇高的人，他们锐气旺盛，锋芒毕露，处事不留余地，待人咄咄相逼，有十分的才能与聪慧，他就能十二分地表现出来，结果他们在人生旅途上屡遭挫折。在曹雪芹的小说《红楼梦》中，王熙凤不仅容貌漂亮，而且精明强干，是贾府实际上的大管家，处处显露锋芒，然而最终却落得个“机关算尽太聪明，反算了卿卿性命”的下场。林黛玉虽然冰雪聪明，才华横溢，可惜不会避其锋芒，嘴上处处得罪人，所以抱恨而终。

薛宝钗聪敏机智，行事大方，同时懂得内敛，知道见机行事，所以赢得了贾府上下的一致喜欢，最后成为大家心目中宝玉之妻的当然人选。

初入职场的人，尤其是刚刚毕业的学生，个性比较强烈，认为做什么事情都要做到最好，越显示自己的能力就越能够得到老板和同事的尊重。

其实，这种想法是错误的，显然有这种想法的人把职场当作了学校，在学校里我们可以尽情发挥自己的才华，展现自己的个性，没有人会怪你，因为你和老师、同学之间，没有根本的利益冲突。但职场不是学校，你和你的同事、老板在很多时候都处于一种利益相关的关系之中，如果你事事占了先，难免会被其他的同事疏远甚至抛弃。如果你得不到老板与同事的支持和认可，你的能力再强又有什么用呢？

有一位大学毕业的学生分到一个单位，刚一到来就对单位这也看不惯，那也看不惯，因为他刚刚踏入社会，初生牛犊不怕虎，刚来一个月，就洋洋万言地给领导递上意见书，上至单位领导的工作作风与方法，下至单位的职工福利，一一指出了许多问题和现存的弊端，提出了周详的改进意见。他满以为自己的这个举措可以让他在公司里一鸣惊人，领导会对他青眼有加，委以重任,可是,他却不知道,这份意见书触动了公司的方方面面很多利益群体,结果,让单位掌握实权的领导骑虎难下。

最后的结果是,这个自以为是的大学生,还没过试用期就被辞退了。两年内,他换了四个单位,而且一个比一个不如意。

这个大学生,可算得上是职场中锋芒毕露者的典型,在处世方面少了一根弦,以至于他在工作中屡屡受挫。在新的人际关系上又不注意讲究策略与方式,结果不仅妨碍了个人的发展,还招来了妒忌和排挤。

还有一个年轻人,研究生毕业后,被分到某研究所,从事标准文献工作。他认为自己是学这专业的,自以为比原来那些同事懂得多。他就不懂人家有着实际的经验,刚上班时,领导摆出一副"请提意见"的虚心姿态,领导的这种气度让他受宠若惊。于是,没有几天他便提了不少意见,领导点头称是,大伙也不反驳,可结果,单位的工作不但一点没改变,他倒反成了处处惹人嫌的人。

他空怀壮志,领导也没给他安排什么具体工作。一位同情他的"阿姨"悄悄地对他说:"你还是换个单位吧,在这儿你别想再有出息了,你把所有的人得罪了,我当初和你一样。"

于是,过了一段时间,他调走了。走的时候,领导拍拍他的肩膀,说:"太可惜了!我真的不想让你走,我还准备培养你当我的接班人哪!"

这年轻人至今还琢磨不透"太可惜"三个字背后的含义是什么,这句话的潜台词是:"你太锋芒毕露了,让我害怕,怎么敢培养你当接班人呢?"

谁都希望刚一上班的时候就给单位留下良好的印象,这本没有错,但要把握适度,做得过火往往得不偿失。

上面的故事给我们的教训就是:我们刚刚入职的时候,要摸着石头过河,对于上级指派的岗位,只表现出自己可以胜任的能力就可以了,不要锋芒太露,更不要在自己还没有了解单位情况的时候就贸然发表意见,还没有进入职业角色就先树敌一片,这对你的职业生涯有百害而无一利。

人生在世,如果锋芒外露,就会引来同事的防范,领导也不会赞赏这样身上带刺的下属。

因此，做人一定要懂得谦虚谨慎，过分的锋芒毕露，短时间内可能得到领导的赞扬，但是一定会为以后的工作和生活埋下更多更大的隐患。

所以，在职场，做什么事情都不要太过，适当表现一下，可以给新单位留下良好的印象；但是一定要把握一个度，这个道理放之四海而皆准。

中国有很多古语警告我们：为人处事，不要太锋芒毕露，枪打出头鸟，木秀于林风必摧之。

秦朝的宰相李斯，因出人头地而被嫉恨，倘若当初不上《谏逐客疏》，闻“逐”而走，默默无闻，大概不会落得惨遭杀害的悲惨结局。所以说，不管是平民百姓还是位居显赫，做人一定要注意藏锋，为人处事，切忌恃才傲物。

历史证明，性格过于张扬和外露之人，轻者遭受排挤，重者甚至可能招致杀身之祸。三国时期的杨修，才华横溢，学富五车，却因为锋芒过于外露以至于英年早逝，命丧黄泉。

生活之中，有好多人自命不凡，却因为得不到重视以至狂妄自大。仔细想来，还是因为自己的修为欠佳，心态保持得不够好。

比尔·盖茨曾经说过：“社会本身就是不公平的，你一定要学会忍耐。”现实的生活就是这样，过分的张扬极易遭受嫉妒和陷害，更容易树敌太多，特别是在众多同事面前，如果只有你一个人表现得特殊、积极，往往会被人认为是故意推销自己，常常会得不偿失。

真正的聪明之人，往往是小事糊涂，大事睿智，为人低调，从不争功的人。只有这样的聪明人才能笑到最后，做一个真正的赢家。

3　不怕付出，傻有傻福

所谓傻人，是指那些对人真诚、待人厚道、做事本本分分的人。可是，这种人往往被那些“聪明人”看不起，在那些“聪明人”的眼里，他们的做法简直就是傻瓜的行为。但是，往往就是这样的傻瓜，做出了很多令人刮目相看的事业。

埃德温·巴恩斯就是这样的一位“傻人”。很多年前，当埃德温·巴恩斯从新泽西州的西奥兰治的货运列车上爬下来的时候，看起来就像个流浪汉，但他却决心要得到爱迪生的赏识，成为爱迪生的合作伙伴。

当他来到爱迪生的办公室时，他不修边幅的仪表，惹得爱迪生手下的人一阵嘲笑，尤其当他表明将成为爱迪生的合伙人时，职员们笑得更厉害了。爱迪生从来就没有什么合伙人，但巴恩斯的坚持为自己赢得了面试的机会，并在爱迪生那儿得到一份打杂的工作。

尽管爱迪生对他的坚毅精神有着深刻的印象，但这还不足以让爱迪生真正地接受他，成为自己的合伙人。

巴恩斯在爱迪生那儿做了多年的设备清洁和修理工，直到有一天他听到爱迪生的销售人员在嘲笑一件最新的发明品——口授留声机，他们认为这个怪东西一定没有销路。他们的理由是：“为什么不用秘书而要用机器？”

而巴恩斯却不这样认为，他花了一个月的时间跑遍了整个纽约城。一个月之后他卖了7部机器。当他带着满腹的全美销售计划，来到爱迪生的办公室时，爱迪生便接受他成为口授留声机合伙人，这也是爱迪生唯一的合伙人。

虽然爱迪生有数千位员工为他工作，到底巴恩斯有什么特别呢？原因就在于巴恩斯的这份“傻人”精神。

他在完成任务的过程中，没有要求过多的经费和高薪，只是全力以赴地去完成任务，巴恩斯所做的已远远超过他作为杂工的工作范围，是爱迪生所有员工中唯一有这种表现的员工，也因此成为唯一获得巨大利益的员工。

像巴恩斯这样的员工表面上看起来很“傻”，多干就吃亏了，实际上这样的傻才是真正的精明，为什么呢？因为他的额外付出得到的知识、技能的积累和个人能力的提升，这是工资以外的附加值，也是一个人在职场中快速晋升的砝码。

在职场中，我们每天都要面对繁多的工作，有些人嘴边经常说的是：“我就拿这么点工资，凭什么干那么多的事，我才没那么傻呢！”

或者说：“老板就给我这点钱，我何必卖那些傻力呢？”

而傻员工却不会那么想，他们会怎么做呢？他们的“傻瓜”行为往往是这样的：

1. 主动解决别人不愿解决的问题

工作中常会出现一些突发性的矛盾和问题，精明员工往往选择逃避，他们认为只有“傻瓜”才会干这种吃苦受累不讨好的事情。而傻员工却不同，他们明知有困难，但还是会主动站出来迎难而上，解决别人不愿解决的难题。

有一天早上刚上班的时候，王明正坐在办公室里办公，忽然听到同事跑进来说道：“不好了，下面出事了！”王明一听，马上放下文件，跟别的同事一起跑到了楼下。只见许多员工都围着谢敏，唧唧喳喳讨论着。原来是谢敏把钥匙掉在了地上，当她准备捡起来的时候，一不小心又用脚踢了一下，这一踢不要紧，正好踢进了旁边的下水道里。这下可急坏了谢敏，因为那是档案室的钥匙，而今天上午正好要有客户来签字，这笔生意是很不容易才谈判好的，所以无论如何也不能再给客户添麻烦了。

看着时间一点一点过去，大家谁都没有办法，都露出了焦急无比的表情。有人说找专业的人，但是时间来不及了，有人说用铁丝，但是去哪里找铁丝啊。“干脆下去掏吧！”有人建议。此话一出，大家都愣住了。你看看我，我看看你，因为他们全都西装革履，又有哪个人会愿意去掏下水道呢？谢敏刚露出一点喜色的脸上又被愁容遮盖了。这时，只见王明从人群中走出来，在下水道旁边蹲了下来，伸手把井盖搬开之后，毫不犹豫地就把手伸了进去，因为比较深，他的身体几乎整个都贴在了地面上。最后王明终于摸到了那把小钥匙，所有的人也都松了一口气。

接着，王明去把钥匙冲洗干净才交给谢敏，谢敏眼睛里露出无尽的感激，她亲切地拍了拍王明的肩膀，说道："多亏了你……"

王明只是一笑："这没什么！我在家里经常被我太太指导着做这样的事情呢！我还算比较拿手吧，我们家那马桶都是我修的呢！"一席话说得大家都笑了。幸好及时拿到了钥匙，签字活动才得以顺利进行，为公司赢得了利润和信誉。不久，王明就破格得到了升职，在职业道路上越做越好，最后坐上了公司"二把手"的位置。

2.工作不分分内分外

现在岗位的分工越来越细，专业壁垒也越来越高，很多人可能一辈子都干着某一个局部的工作，永远只有那个局部的工作经验。要想让自己的就业路子更宽，就不要怕工作多、任务重。因为我们担当越多的工作项目，从中得到的锻炼和学习机会越多，你在老板心目中的价值就越高。

某单位新来了两个研究生，一年的接触下来，小王实在没有什么过人之处，相貌普通，能力平平，还有一口难听的方言口音。但是，小王整天坐在电脑前忙忙碌碌，或者对一些简单得不得了的问题不耻下问。周围的同事对他的评价似乎都不错，觉得这个年轻人谦虚肯干，踏实勤勉，一点都没有研究生的架子。

相反，另一个研究生小方则做事风风火火，效率极高。什么事到他手上，他只需留心看看人家的做法，便已熟知工作流程，三两下就完成了，别人需要三天做的事他可能一天就绰绰有余，所以在大家眼中，小方总是无所事事，游手好闲，晃荡得很。年终考评时，小王得到大家的一致好评，对小方则有很多人选择了语气虚虚的“也不错”、“也说得过去”之类模棱两可的评语。

很多人看小方聪明能干，对他心怀戒备，唯恐被他这个“后浪”推倒在沙滩上，于是装聋作哑，任由笨人当道，而小王傻人自有傻人福。因此，职场上的某些定律与自然规律是相背离的，在一个昏庸的工作环境下，还是要先看清形势，再有的放矢。

有一个年轻人刚工作不久，有位前辈善意地提醒他：工作中遇到不懂的问题，不要随便问同事，而是应该先问私交好的朋友，没有朋友就回家暗暗研究，如果研究不明白的话，也不能向同事暴露自己不懂。一句话，不能被别人当成傻子。可是现在，在职场中，往往当傻瓜比当聪明人的风险要小一些。

有一家公司新招了几位员工，其中一位跑来对老同事说：“不好意思，我对这个行业不太熟，以后希望能向您多请教。”

如果说“向你请教”之类说辞能够满足老同事的虚荣心的话，那么“我对这个行业不熟”之类的话，按道理则是犯了职场大忌——把自己的弱点暴露给别人看。

事实上，正是这种傻瓜行为赢得了老同事的好感。在人人都把自己包装成专业得不能再专业的精英的时候，一个公然声称对所就职的行业“不熟”的傻子就变得异常可爱。

企业中有两种员工：“精”员工和“傻”员工。只图眼前利益的“精”员工往往贪图追求一丁点儿的小便宜，对工作不负责任，对报酬斤斤计较，对责任推脱逃避，而那些甘于奉献、不计较一时得失、全力以赴地完成任务的“傻”员工必定拥有更多的升迁机会，体会到成功的喜悦。

在我们周围，所谓“精明人”越来越多，而“傻人”却越来越少了。正因如此，现在企业缺少的不是那些夸夸其谈的员工，需要的正是那些不怕辛苦、善于行动的“傻”员工。

4 乐极生悲，万事尽然

《淮南子·道应训》中说："夫物盛而衰，乐极则悲。"在中国历史上，"乐极生悲"的故事很多。

战国时期，齐威王是个喜欢彻夜饮酒的君王，有一年，楚军进攻齐国，他连忙派自己信得过的使节淳于髡去赵国求救。淳于髡果然不辜负齐王重托，到了赵国就请来了10万大军，吓退了楚军。当然，齐威王十分高兴，立刻摆设酒宴请淳于髡喝酒庆贺。

齐王高兴地问淳于髡："先生你要喝多少酒才会醉？"

淳于髡一看这架势，知道齐王又要彻夜喝酒，必定要一醉方休。他想了想回答道："我喝一斗酒也醉，喝一石酒也醉。"

齐王不解其意，淳于髡解释自己在不同场合、不同情况下酒量会变化："所以我得出一个结论，喝酒到了极点，就会酒醉而乱了礼节；人如果快乐到了极点，就可能要发生悲伤之事。所以，我看做任何事都是一样，超过了一定限度，则会走向反面了。"

一席话说得齐威王心服口服，当即痛快爽朗地表示接受淳于髡的劝告，今后不再彻夜饮酒作乐，改掉可能走向自己反面的恶习。

"乐极生悲"的事例，总是发生在那些不喜欢在事业上下苦工夫，却喜欢沉浸在自己空想世界中的人。

有这样一个故事：

有一个农夫在路上拣到了一枚鸡蛋，然后他把鸡蛋拿回家，交给了他的老婆。农夫的老婆见丈夫拣到鸡蛋也很高兴，两个人商量，怎么处理这个鸡蛋？

农夫的老婆说："中午的时候，炒了吧！"

农夫说："不能那么做，我想，应该把鸡蛋放在鸡窝里，让老母鸡把这个鸡蛋孵出小鸡来！"

农夫的老婆说："这个主意不错！以后，小鸡长大了，还会下蛋呢！"

农夫说："是啊，不仅能下蛋，而且还能继续孵化，过不了几年，我们就有一个养鸡场了！"

农夫的老婆说："有了养鸡场以后你想怎么办？"

农夫说："我想再买几亩地，盖上一个庄园！"

农夫的老婆非常赞同地说："这个主意真是太妙了，幸亏你拣到了这个鸡蛋，不然，怎么能想出这个好主意呢？"

农夫说："等我当上庄园主之后，我想再请一个美女给我当秘书！"

农夫的老婆听了这句话，大怒，把那枚鸡蛋狠狠地摔在地上。农夫见状，伤心地大哭起来，他说："完了，我的女秘书被你给摔死了！"

故事虽然让人捧腹，但确实指摹出了一些人的心态，只是凭空幻想，不去踏实努力，最后的结果往往就是乐极生悲。这样的事例在职场中也时有发生。

林军是一个公司的普通职员，有一天，听说从总部调来一个经理，而这个经理是他童年的小伙伴，两个人还是小学同学。后来因为动迁的缘故，林军家搬走了，但是两个人从小的感情非比寻常。

林军听说这个消息，心里别提多高兴了，他逢人就说，新来的头是自己的铁哥们，以后在这个公司里，谁想提职，他可以跟自己的哥们说，不过就是一句话的事。结果，这个话被很多人传来传去，大家都知道他跟新领导之间的关系了。

后来新领导上任之后，林军以为自己很有面子，有一次，中午休息的时候，他跑出去喝了酒，回到办公室的时候还大摇大摆地，毫不避讳。

新来的领导正要树理自己的威信，看到林军这样做，也只能拿他杀鸡儆猴，不仅扣了他的当月奖金，还责令他在全公司的大会上做检查。林军不仅没有在同事们的面前挣到面子，反而面子丢尽。

其实，在职场中，有两种人会引发“乐极生悲”的结果，这两种人被人称之为“职场大嘴”。一类“大嘴”就是林军这样口无遮拦的类型，他们说话不过脑子，一般都喜欢吹牛，爱虚荣，喜欢夸大自己的能力，结果一旦牛皮被吹破，自己的后果很尴尬，这一类人虽然不太受人喜欢，但是危害性并不是最大。

另一种人是“搬弄是非”型，这种人喜欢在人背后乱发议论，有时候那些看似无心的话，却可能深深地扎入别人的心口。在自己不经意间树敌无数，当你发现自己四面楚歌的时候，已经悔之晚矣。

这种人最常见的错误是空发一些概括性很强的负面议论，在某公司，有一位女士给一个35岁的“剩女”介绍对象，结果对方没有同意。她在闲聊中大发感慨：“三四十岁还不结婚的人心理肯定有问题。”

此语一出，众人皆惊，原来他们的办公室主任就是一位大龄未婚女士，发现她正在看着自己，心里发虚，连忙补充道：“我是说男的。”

虽然加了一句解释，但是，这句话就有越描越黑之嫌，大家都发现办公室主任的脸色非常难看，办公室一片静默，没有人给她下台阶，这个女同事在无意中闯入了一个雷区。

一位管理专家曾经总结过很多在批评别人时，不能触及的“雷区”：首先，当你批评一个人的时候，千万不要说他与生俱来的缺点。当你准备夸赞一个人的时候,尽量夸赞他先天带来的优势。美容院里拉拢顾客最常用的语言就是:“您的皮肤真好！如果护理得当,就会更年轻!”

要知道,人的智力、身体、出身等因素是无法改变的,而正是这些已经无法改变的因素构成了一个人最基本的特征,这些方面的缺陷或者社会歧视,会给人带来一定的心理阴影。

所谓自尊,一般来说就是维护这些因素的隐蔽性,不管是上司还是同事,谁有意或者无意碰触或者揭开这种隐秘,谁就会伤了别人的自尊,谁就会为此付出被对方视为敌人的代价。

5 修炼忍辱,否极泰来

常言道:“小不忍则乱大谋。”忍耐是一种度量,一种宽容。以宽宏之心待人,可以赢取别人的信任和帮助,有了宽容之心,方有容人之量。

成大事者必有远志,而忍耐正是一种大智慧,是一种理智地谋求长远目标的体现,善忍者能成大事。当自己身处逆境的时候,选择坚强地活下来,比选择死亡更需要勇气。

忍辱并不是示弱,它是一种养精蓄锐,一种蓄势待发,一种对命运的默默挑战。明知道自己是鸡蛋,何必非要往石头上碰呢?

战国时代,齐国有一个人叫孙膑,他少时孤苦,长大以后跟随鬼谷子学习兵法,显示出了过人的军事才能。

他还有一个师弟叫庞涓,庞涓的天资和学业虽然也不错,但和孙膑差得很多,但他为人奸猾,擅长玩弄小权术,又轻易不被察觉。他与孙膑同学时,心里很是嫉妒孙膑的才能,可在嘴上从未流露过,一再表示将来有了出头之日,一定要举荐师兄,同享富贵。心地善良的孙膑与庞涓兄弟相称,两个人一起学习,亲如手足。

几年的时间转眼过去了，这时，魏国传来了魏惠王招贤纳士的消息，庞涓是魏国人，当他听到这个消息的时候非常兴奋，认为自己的机会来了，于是决定下山。临别时，他向孙膑保证，如果在魏国一旦得到重用，马上引荐师兄下山，两人共享富贵。孙膑对师弟深表谢意，嘱咐他多加保重，两人洒泪告别。

战国著名思想家墨子是鬼谷子的好朋友，他从魏国来到鬼谷，见孙膑才华出众，就向魏惠王推荐了孙膑。

鬼谷子见孙膑仁义、贤德，悟性高，便以夜间驱鼠为由，单独把孙武的《兵法十三篇》传授给了孙膑，孙膑只用三天时间，就把《十三篇》背诵得滚瓜烂熟，然后又把兵书还给了师父。

这时，庞涓已经当上了魏国的上将军，他担心自己的本领远不如孙膑，就迟迟未向魏王推荐。经墨子一提，魏惠王向庞涓问起孙膑，庞涓只得写信请孙膑出山。

这时候，庞涓在魏国，指挥军队同卫国和宋国开战，打了几个胜仗后，庞涓成了魏国上下皆知的英雄人物，深得魏惠王的宠信。春风得意的庞涓虽然高兴，但是，一想到孙膑，他心里就有一种说不出来的滋味。

他想，如果按照他与孙膑在山上的约定，就应该把孙膑推荐给魏惠王，可是，若论才华，孙膑在自己之上，如果孙膑得到了魏惠王的重用，他的声名威望很快就会超过自己。如果不去履行当初的诺言，他又怕孙膑万一去了别的国家，自己不是孙膑的对手。这些天来，庞涓寝食不安，日夜思谋着对策。最后，他终于想出了一条毒计。

这一天，正在山上攻读兵书的孙膑，接到庞涓差人秘密送来的一封信。信上庞涓先叙述了他在魏国受到的礼待重用。然后又说，他向魏惠王极力推荐了师兄的盖世才能，到底把惠王说动，请师兄来魏国就任将军之职。

孙膑看到来信，认为自己大显身手的机会来了，立即赶往魏国的都城大梁去见庞涓。庞涓见孙膑应邀前来，盛情款待。几天过去了，就是没有魏惠王的消息，庞涓也不提此事。孙膑自然不便多问，只好耐心等待。这一天，突然有一个人来给孙膑送信，说他在齐国的哥哥生病，想让他回国去探望，孙膑真的认为是自己的兄长想念他，就向庞涓告假，说要回齐国一趟，去看看哥哥。

庞涓说，你要走，应该向大王辞行。孙膑就来见魏惠王，他刚走上宫殿的台阶，一群武士就把孙膑绑了起来，从他身上搜出了那个齐国人给他送来的书信。孙膑说这不过是普通的家信，可是，那些武士根本不听他解释。一个当官模样的人宣布孙膑是齐国派来的奸细，奉魏惠王之命，对孙膑施以膑刑、黥面。

当孙膑从昏迷中醒来的时候，发现自己卧在血泊之中，而庞涓却守在自己身旁哭泣。庞涓告诉他，魏惠王听了小人的谗言，把孙膑当成了齐国的奸细，本来要将他杀了，是庞涓苦苦求情，才改为膑刑，挖去膝盖骨，却留下一条性命。

孙膑不知道是庞涓在暗算自己，于是，他听从庞涓的安排，决心把自己背诵过的《兵法十三篇》写出来，传授给庞涓。就在他忍受巨大的痛苦，开始写作的时候，有一天，听到窗外有人小声议论说："上将军有令，等这个家伙把兵书写好，我们就把这个齐国的奸细处死！"

孙膑突然明白了，原来这一切都是庞涓在设计陷害他，于是他装成突然疯癫发作的样子，在房子里又哭又笑，把他写好的竹简全部投入火中。送饭的人给他拿来吃的，他竟然把饭倒在地上。庞涓听说了，并不相信孙膑是真的疯了，便叫人把他扔到猪圈去，又偷偷派人观察。孙膑披头散发地倒在猪圈里，弄得满身都是猪粪，甚至把猪粪塞到嘴里大嚼起来。庞涓这才相信，认为孙膑是真的疯了，从此看管逐渐松懈下来。

孙膑装疯发挥了作用，他暗中加紧了寻找逃离虎口的机会。一天，他听说齐国有个使臣来到大梁，便找了个间隙，偷偷地爬着，找到了齐国的使臣。

齐国的使臣听了孙膑的叙述，从谈吐中认定他是一个很了不起的人才，十分钦佩，遂答应帮他逃走。这样，孙膑便藏身于齐国使臣的车子里，秘密地回到了齐国。

这个时候，正值齐、魏两国交战，孙膑回国后，很快见到齐国的大将田忌。田忌十分赏识孙膑的才干，便将他留在府中，以接待上宾的礼节殷勤款待。

田忌喜欢赛马，但却时常输掉。有一次，他又与齐威王赛马，马分上、中、下三等，对等竞赛，三场全输，田忌好不丧气。这时恰巧孙膑在场，便给田忌出主意说："待到下一轮比赛时，你用上马对威王的中马，用中马对威王的下马，用下马对威王的上马，必赢无疑。"

田忌依计行事，造成两个局部的优势和一个局部的劣势，以一负二胜赢得齐王千金。一向取胜的齐威王这次输了，大感惊讶，忙问田忌是何原因？田忌把孙膑找来，借机推荐给齐威王。

齐威王见是一个双腿受刑的残疾人，开始并未介意，当孙膑陈述自己对战争问题的看法时，齐威王便有意问道："依你的见解，不用武力能不能使天下归服呢？"

孙膑果断地回答说："这不可能，只有打胜了，天下才会归服。"然后，他列举黄帝打蚩尤，尧帝伐共工，舜帝征三苗，以及武王伐纣等事实，说明哪一个朝代都是靠武力解决问题，用战争实现国家的统一。这一番深刻独到的分析，使齐威王大受震动。再询问兵法，孙膑更是滔滔不绝，对答如流。齐威王感到孙膑其人确实不简单，从此以"先生"相称，把他作为老师看待。

公元前354年，魏将军庞涓发兵8万，以突袭的办法将赵国的都城邯郸包围。赵国抵挡不住，派出使者向齐国求救。齐威王欲派孙膑为大将，率兵援赵。孙膑辞谢说："我是受过刑的残疾人，带兵为将多有不便，还是请田大夫为将，我从旁出出主意吧！"齐威王想想也好，就拜田忌为大将，孙膑为军师，发兵8万，前往救赵。大军既出，田忌欲直奔邯郸，速解赵国之围。孙膑不赞成这种硬碰硬的战法，提出应趁魏国国内兵力空虚之机，发兵直取魏都大梁，迫使魏军弃赵回救。这一战略思想，将避免齐军长途奔袭的疲劳，而致魏军于奔波被动之中，立即被田忌采纳，率领齐军杀往大梁。

魏军好不容易将邯郸攻陷，却传来齐军压境，魏都城大梁告急的消息。庞涓顾不得休整部队，除留少数兵力防守邯郸外，忙率大军驰援大梁。没料到，行至桂陵陷入齐军包围。魏军长期劳顿奔波，士卒疲惫不堪，哪还顶得住以逸待劳的齐军？结果被打得落花流水，大败而逃。魏国只好同齐国议和，乖乖地归还了邯郸。这就是历史上有名的"围魏救赵"之战。

公元前342年，庞涓又带领10万大军、1000辆兵车，分3路进攻韩国。小小的韩国抵挡不住庞涓的进攻，一时形势危急，遂接连派出使臣，向齐国求救。齐威王召集群臣商讨对策，有主张坐山观虎斗的，有主张发兵救援的，相互争执不下。孙膑一直没有说话。

齐威王见状便说："先生是不是认为这两种意见都不对啊？"

孙膑点头说："是的，我以为，魏国以强凌弱，如果韩被攻陷，肯定对齐国不利，因此我不赞成见死不救的主张。但是，魏国现在锐气正盛。如果我们匆忙出兵，岂不是要代替韩军承受最初的打击？"

齐威王说："那么，依先生的意见怎么办好？"

孙膑说："我看可以先答应韩国的请求。他们知道我们能出兵救援，必然全力抗击入侵的魏军；而魏军经过激烈拼杀，人力物力也会大大消耗。到那个时候我们再发兵前去，攻击疲惫不堪的魏军，拯救危难之中的韩国，就可以用力少而见功多，取胜容易并且受益大，不知大王以为如何？"齐威王十分赞赏孙膑的意见，当即采纳。

一年后，魏、韩两军交战更为激烈，双方实力已大大削弱的时候，齐威王才决定派兵出战，仍以田忌为主将，孙膑为军师。于是，孙膑与庞涓又一次相逢在战场，开始了一场大规模的生死较量。战役之初，按照孙膑的计策，齐军长驱直入把攻击的矛头指向魏国的都城大梁。

时过不久，孙膑得知庞涓回师都城，便对田忌说："魏军一向自恃骁勇，现急于同我军决战。我们要抓住这个心理，诱使他们上当。"

田忌说："军师的意思是……"

孙膑接口道："我们可以装出胆小怯战的样子，用减灶的办法诱敌深入。"

随后，孙膑如此这般地对田忌叙说一遍。当庞涓日夜兼程赶回魏国本土，传令抓住齐军主力，与其决一雌雄。

不料，齐军不肯交战，稍一接触即向东退去。庞涓挥师紧紧追赶不放，头一天，见齐军营地有 10 万人的灶；第二天，还剩 5 万人的灶；到第三天，只剩 3 万人的灶了。

庞涓见状，十分高兴，得意地说："我早知道齐国的士兵都是胆小鬼，如今不到三天就逃跑了大半！"于是，传下将令：留下步兵和笨重物资，集中骑兵轻装前进，追歼齐军。

孙膑得知庞涓轻骑追击的探报，高兴地对众人说："庞涓的末日到了！"

这时,齐军正好来到一个叫马陵道的地方。马陵道处于两座高山之间,树多林密,山势险要,中间只有一条狭窄的小路可走,是一个伏击歼敌的好战场。

孙膑传令:就地伐树,将小路堵塞;另挑选路旁的一棵大树,刮去一段树皮,在树干上写下:“庞涓死于此树之下!”几个大字。

随后命令一万弓箭手埋伏在两边密林中,吩咐他们夜里只要看见树前出现火光,就一齐放箭。

傍晚时分,庞涓率领的魏军骑兵果真来到马陵道。听说前面的道路被树木堵塞,庞涓忙上前察看。朦胧间他见路旁有一大树,树上隐约有字,遂命人点起火把。

当庞涓看清树上的那一行字时,大吃一惊,知道中了孙膑的计谋。他急令魏军后退,但为时已晚。埋伏在山林中的齐军万箭齐发,猝不及防的魏军死伤无数。

庞涓身负重伤,知道败局已定,拔出佩剑自杀了。齐军乘胜追杀,将魏军的后续部队一气打垮,连魏太子都给俘虏了。马陵大捷后,孙膑名声大振。

孙膑之所以能转败为胜,报仇雪耻,正是因为他忍下了一时之气,甚至在猪圈里装成疯子,所以才保全了性命。忍耐是一种智慧,是一种坚韧,是一种谨慎,是一种成熟。正所谓“君子忍人之所不能忍,容人之所不能容,处人之所不能处”。

逆境中要忍,也许是不得不忍,比如越王勾践卧薪尝胆,因为力量微弱,只有在忍耐中积累信心,积聚力量,寻找机会,以求东山再起。

顺境中同样要忍,一马平川,平步青云,固然是人人欣羡的,然而鲜花美酒之中也有危机埋伏。有的人前半生灿烂,后半生黯淡,就是在顺境中不能忍耐,例如关羽,就因为逞一时之气,最终失了荆州,败走麦城。

如今的许多年轻人稍稍感到不公平,动辄口出恶言,大打出手,往往顺着自己的情绪行事,如被人羞辱了,干脆就和他们干一架;被老板骂了,干脆就拍桌子,然后自动辞职!

人的一生会遇到很多问题,如果你能忍一忍,并学会控制自己的情绪和心态,以后即使碰到大的问题,自然也能忍受,也自然能忍到最好的时机再把问题解决,这样才能成就大事业!

因此,当你对某件事或某个人不顺心,不如意时,或者碰到难题时,切忌肆无忌惮地宣泄自己的情绪,请你首先想想,历史上那些因为忍受耻辱而成功的事例,然后再做出决定。我相信,当你的情绪经过这一番过滤之后,那些浮躁的怒火就会像泡沫一样消失,而沉淀下来的,则是忍辱的精神。

6 闲言勿理,清净我心

有人说,职场不仅是一个名利场,同时也是一个是非场。在职场中,很容易平地起风波,总会演绎出许多流言蜚语,这些闲言碎语就像是看不见的流矢,对人的伤害是无法估量的。

有一天早晨,王萍在电梯中见到了董事长吴大维,董事长很客气地跟王萍打招呼,两个人在电梯里聊了一下天气的情况,然后一起走出了电梯,进入了各自的办公室。

就是这件最普通不过的事情,却被某些"有心人"发现了,这个"有心人"在中午的时候,经过一番添油加醋的渲染,把这个事情讲给了办公室里的同事听,这个时候,事情的结果已经变成了王萍跟董事长坐同一辆车来到公司的。

然而,这个事情在公司里并没有结束,又使越来越多的人参与进来,不断地增加更为丰富的想像。一周之后,这个故事就变成了王萍和董事长住在同一个别墅里。后来,故事的版本不断升级，把王萍演绎成了董事长的“小三”。

由于这个谣言给董事会造成了极其恶劣的影响，致使董事会对董事长的人品发生了质疑，董事长在公司里派出专人调查此事，后来水落石出，原来，这一切“合理想像”，都来自于那天早晨，两个人正好赶上了同一部电梯！

有些人喜欢制造和传播谣言，而且善于添油加醋。殊不知，这些人言也能杀人。

阮玲玉是我国早期的影星，因主演《野草闲花》一举成名。她在影片中塑造了社会各阶层不同的女性形象，有人赞誉她为中国的嘉宝、褒曼。

但是，就是这样一个电影明星，也因为“人言可畏”而自杀，鲁迅针对此事，曾写下《论人言可畏》一文，指出：“她的自杀，和新闻记者有关，也是真的。”

人在职场，不仅要防范自己不要成为谣言的受害者，同时，更要提醒自己，不要做谣言的传播者，有的人只是为了一时的口舌之快，不知道自己竟然在无意中制造流言，害人害己。俗话说：人会被自己的舌头拖累。

在职场当中，最常见的流言大概可以分为这样几种：

“领导与某某的关系不一般，一看到领导就眉来眼去。”

“某某为什么总是穿名牌？就靠她那点钱哪够用啊？说不定有人暗中补贴……”

这些绯闻就像噪声一样干扰大家的视听，造成恶劣的影响，这种不和谐声音的制造者，应当成为所有人厌恶的对象。

职场上还有一种人，并没有攻击他人的意思，只是为了娱乐大家，喜欢说一些低级笑话。有时候故意给女同事发一些“微黄”的短信，这种过火的玩笑不仅会让人大倒胃口，同时，那些低级的笑话和短信只会让人觉得你品位低下。

如果你热衷流言蜚语，愿意和你接触的人必然是“同类”，你们在一起搬弄是非，嘲笑别人。而那些被你嘲笑过的人即使不与你正面冲突，日后也不会给你好脸色看。而且你的那些“同类”,也许有一天会完全背叛你,将你搞得更惨。

时间如此宝贵,生命如此短暂,单是把重要的事情做好,时间都还不一定够用,如能有所闲暇,无论是规划一下自己的下一步发展,还是好好休息,享受一把完全放松的感觉,何必把时间消耗在这些无聊的事情上呢?

其实,很多人在面对闲言的时候,是被动受害,他们之所以爱打听别人说什么,其实是怕有闲话说到自己。不过,也没有什么可怕的,走自己的路,让别人去说就好。因为流言止于智者。

我们在生活、工作中,难免会遭人议论,在对待自己周围的一些闲言碎语时,如果表现得软弱,只会越活越憋气,越活越痛苦。如果你过于畏忌闲言碎语,往往就要围着闲言碎语的指挥棒转。

那么,我们应该如何面对一些对自己不利的闲言碎语呢?有几个方法可以参考:

身正不怕影子斜,对生活、工作中一些无中生有的闲言碎语我们不必去解释,就当它不存在,当它是耳边风,左耳进,右耳出。

“清者自清,浊者自浊”,一个人的是非曲直不是别人说出来的,而是一个人以自己的生存方式活出来的。反思自己,你只要自己行得正,站得直,何必在乎别人说什么呢?不要让那些闲言碎语左右你的情绪。

不要太敏感,过于介意别人的目光和说法,打开心灵的窗户,让阳光照进自己的心灵,把心里的垃圾清除出去。

我们应当记住:敢于走自己路的人,可以称做勇往直前,内心清净的人,面对流言,熟视无睹,充耳不闻,不去分别,坦然面对,那些流言自然土崩瓦解,不攻自破。

禅　语

如果你不给自己烦恼，别人也永远不可能给你烦恼。因为你自己的内心，你放不下。

你永远要宽恕众生，不论他有多坏，甚至他伤害过你，你一定要放下，才能得到真正的快乐。

当你快乐时，你要想这快乐不是永恒的。当你痛苦时，你要想这痛苦也不是永恒的。

狂妄的人有救，自卑的人没有救，认识自己，降伏自己，改变自己，才能改变别人。

请你用慈悲心和温和的态度，把你的不满与委屈说出来，别人就容易接受。

同样的瓶子，你为什么要装毒药呢？同样的心里，你为什么要充满着烦恼呢？

得不到的东西，我们会一直以为它是美好的，那是因为你对它了解太少，没有时间与它相处在一起。当有一天，你深入了解后，你会发现原来它不是你想象中的那么美好。

活着一天，就是有福气，就该珍惜。当我哭泣我没有鞋子穿的时候，我发现有人却没有脚。

多一分心力去注意别人，就少一分心力反省自己，你懂吗？

每一个人都拥有生命，但并非每个人都懂得生命，乃至于珍惜生命。

不了解生命的人，生命对他来说，是一种惩罚。

不要刻意去猜测他人的想法，如果你没有智慧与经验的正确判断，通常都会有错误的。

要了解一个人，只需要看他的出发点与目的地是否相同，就可以知道他是否真心。

不洗澡的人，硬擦香水是不会香的。名声与尊贵，是来自于真才实学的。有德自然香。

来是偶然的，走是必然的。所以你必须，随缘不变，不变随缘。

良心是每一个人最公正的审判官，你骗得了别人，却永远骗不了你自己的良心。

有时候我们要冷静问问自己，我们在追求什么？我们活着为了什么？

不要因为小小的争执，远离了你至亲的好友，也不要因为小小的怨恨，忘记了别人的大恩。

感谢上苍我所拥有的，感谢上苍我所没有的。

说话不要有攻击性，不要有杀伤力，不夸己能，不扬人恶，自然能化敌为友。

当你手中抓住一件东西不放时，你只能拥有这件东西，如果你肯放手，你就有机会选择别的。人的心若死执自己的观念，不肯放下，那么他的智慧也只能达到某种程度而已。

如果你能够平平安安的度过一天，那就是一种福气了。多少人在今天已经见不到明天的太最，多少人在今天已经成了残废，多少人在今天已经失去了自由，多少人在今天已经家破人亡。

你有你的生命观，我有我的生命观，我不干涉你。只要我能，我就感化你。如果不能，那我就认命。

恶语永远不要出自于我们的口中,不管他有多坏,有多恶。你愈骂他,你的心就被污染了,你要想,他就是你的善知识。

别人可以违背因果,别人可以害我们,打我们,毁谤我们。可是我们不能因此而憎恨别人,为什么?我们一定要保有一颗完整的本性和一颗清净的心。

如果一个人没有苦难的感受,就不容易对他人给予同情。你要学救苦救难的精神,就得先受苦受难。

世界原本就不是属于你,因此你用不着抛弃,要抛弃的是一切的执着。万物皆为我所用,但非我所属。

虽然我们不能改变周遭的世界,我们就只好改变自己,用慈悲心和智慧心来面对这一切。